KB008069

엄마 아빠와 함께 몸과 마음이 쑥쑥!

아기 리듬 마사지 &
몸 놀이

지은이 **권정혁 · 최은미**

Prologue

하루 5분, 아기와 엄마 아빠가 함께 자라는 시간

아기가 태어났습니다. 세상에 이만큼 신기한 일이 또 있을까요? 내 안에 새로운 생명이 생기고 엄마 아빠가 되는 일은 정말 기적입니다.

누군가를 사랑하면 그 마음이 금방 사랑스러운 손길로 바뀌는 것 같아요. 사랑하는 사람이 옆에 있으면 만지고 싶고 안아주고 싶잖아요. 아기 마사지는 바로 이런 스킨십이에요. 사랑을 담은 눈빛으로 아기를 바라보며 따뜻한 손길로 아기의 몸을 어루만지는 것, 엄마의 사랑이 고스란히 담긴 이 행동이 바로 마사지의 기본이라고 할 수 있습니다.

만지고 쓰다듬고 안아주는 스킨십만으로도 아기들은 안정감을 찾고 행복감을 느낍니다. 정서적 안정감을 주는 스킨십을 신체 긴장을 풀어주고 근육 발달에 도움을 주는 마사지로 확장한다면 아기의 건강에도 큰 도움이 되겠죠?

마사지를 해주면 아기의 혈액순환이 원활해져 내장기관이 튼튼해지고, 근육과 피부가 유연해지며, 외부에 대한 저항력과 면역력이 높아집니다. 마사지하는 동안 엄마와의 상호작용을 통해 심리적인 안정감을 느끼고 소통과 교감을 배워 사회성도 기르게 되죠.

엄마가 마사지하며 아기와 교감한다면, 아빠는 몸 놀이를 통해 아기와 친밀감을 느끼게 됩니다. 많은 연구에 따르면 신생아 때부터 아빠와 신체 접촉을 하는 아기들이 자라면서 더 많이 미소 짓고 옹알이도 빠르다고 해요.

엄마의 부드러운 손길에 익숙해진 아기는 아빠의 경쾌하고 재미있는 자극 놀이에도 큰 즐거움을 느끼거든요. 이렇게 아빠와의 몸 놀이가 자연스러운 아기는 사회성이 좋고 관계 형성도 잘하는 사람으로 성장하게 됩니다.

아기 마사지 강사인 저자가 14년 동안 현장에서 진행해온 마사지 수업을 집에서 엄마 아빠와 아기가 함께 할 수 있도록 정리했습니다. 아기의 성장 단계별로 꼭 해주면 좋은 마사지법을 사진과 함께 자세히 설명했어요. 시기마다 아빠와 하는 몸 놀이도 들어 있어 엄마 아빠가 함께 활용하면 좋아요.

영유아기에 큰 사랑을 받은 아기는 자존감이 높아져 평생 행복하게 살아갑니다. 그 중심에 부모와의 스킨십이 있고, 마사지가 바로 그 스킨십의 열쇠입니다. 이 책을 통해 마사지와 몸 놀이를 꾸준히 해보세요. 신체적, 정서적으로 하루가 다르게 쑥쑥 크는 아기를 지켜보는 즐거움에 빠질 뿐 아니라, 아기와 정서적인 교감을 나누며 매일매일 행복해질 거예요.

★ Contents ★

Part 1
시작하기 전에
아기 리듬 마사지 준비하기

Part 2
0세부터 첫돌까지
성장 단계별 리듬 마사지 & 몸 놀이

Part 3

두 돌 이후
원 포인트 마사지 & 몸 놀이

아기 리듬 마사지로 효과 본 선배들의 이야기

"하루 종일 안아달라던 우리 아기, 마사지를 한 후 혼자서도 뒹굴뒹굴 잘 놀아요."

출산 후 아기가 예민해서 잠시도 떨어지려 하지 않고 바닥에 눕지도 않았어요. 24시간 안고 지내듯 했답니다. 아기 리듬 마사지가 좋다는 말을 듣고, '나비야' 노래를 부르며 쓰다듬어주는 것으로 마사지를 시작했는데, 처음엔 역시나 아기가 제 가슴에서 떨어지려 하지 않고 울기만 했어요.

하지만 한 달 후쯤에는 '나비야' 노래만 들어도 가만히 누워 있더라고요. 두 달 후에는 짜증을 내다가도 '나비야' 노래를 불러주면 마사지를 받으려고 몸을 늘이기까지 했어요. 그 후로는 짜증을 내거나 떼쓰는 일도 많이 줄어들었어요. 육아 스트레스로 힘들던 저도 한결 편해지니 아기에게 짜증 부렸던 일이 미안해졌습니다. _준석맘

"동생이 태어나 스트레스 받던 첫째, 마사지와 스킨십으로 애정을 듬뿍 줬어요."

첫째와 둘째가 연년생이라 둘째가 태어난 후 첫째가 둘째를 많이 시샘했어요. 큰아이의 불안감을 덜어줄 방법을 생각하던 중에 아기 리듬 마사지를 떠올렸죠. 걷기 시작했을 때라 누워 있는 걸 싫어하지 않을까 했는데, 의외로 아기처럼 누워서 마사지를 받더라고요. 2주쯤 지나니 엄마가 자기한테 해준 것같이 자기도 동생을 마사지해주겠다며 만져주는 시늉까지 했어요.

이제 자기가 먼저 누워 "엄마, 오늘은 어디 마사지해줄 거야?" 하고 묻습니다. 스킨십이 아이의 몸뿐 아니라 마음도 어루만지는 것 같아요. 마사지를 받을 때 행복해하는 첫째를 보면 저도 덩달아 행복합니다. _하율맘

"백일 때 시작한 아기 리듬 마사지, 초등학교 들어간 지금까지도 꾸준히 하고 있어요."

우리 예은이가 초등학교에 들어갔어요. 어릴 적엔 엄마 껌딱지였는데 이젠 친구들과 노는 걸 더 좋아하고 뭐든 자기가 하고 싶어 하는 어린이가 되었죠. 그래도 자기 전에 "마사지하자~" 하면 아기처럼 반듯하게 누워 엄마의 손길을 기다립니다. 지금도 마사지할 때 불렀던 동요를 불러주면 기분이 좋아진다며 따라 부르기도 해요.

마사지를 받으면서 오늘 하루 있었던 일들을 조잘조잘 얘기도 해요. 이 시간이야말로 하루가 다르게 쑥쑥 크는 아이를 키우며 맞는 가장 행복한 시간입니다. 예은이가 싫다고 하는 그날까지 저는 계속해서 마사지해줄 예정이에요. 더 많은 아기와 엄마들이 저처럼 마사지로 효과를 보면 좋겠습니다. _예은맘

"아기와 눈을 맞추고 온몸을 구석구석 어루만지며 아기가 더 사랑스러워졌어요."

아이를 낳고 처음 겪는 일들이 낯설었고, 육아는 힘들기만 했습니다. 그러던 어느 날, 친구가 제 어깨를 토닥이며 말해주더라고요. "아기는 엄마를 괴롭히려고 태어난 게 아니야. 아기와 친해지는 방법을 찾아보자." 그 한마디에 눈물이 핑 돌았어요. 저도 모르게 힘들 때마다 '아기가 날 왜 이렇게 괴롭히지…' 하고 혼잣말을 했던 것이 생각났거든요. 그날부터 책임, 부담이라는 짐을 내려놓고 사랑, 여유의 마음을 가지려고 노력하며 아기 리듬 마사지를 시작했습니다. 마사지할 때는 아기와 눈을 맞추고 오롯이 아기에게만 집중했어요. 그동안은 24시간 아기를 돌보면서도 이렇게 온몸 구석구석을 어루만지고 보살펴본 적은 없었거든요. _서준맘

"아이와 뭘 해야 할지 몰라 어색해하던 남편, 몸 놀이를 통해 진짜 아빠가 되었어요."

엄마는 하루 종일 아이와 함께 있으니 친밀감이 생기지만, 아빠는 함께 하는 시간이 많지 않잖아요. 아기가 낯을 가리기 시작하던 시기, 아빠가 안아줘도 막 우는 거예요. 그때 자극받은 남편에게 아기와 스킨십 하는 법과 몸 놀이를 알려줬어요. 혼자 잘 앉지도 못하는 6개월 아기와 처음으로 이것저것 하며 놀아주는데 처음엔 어찌나 어색하든지요. 하지만 곧 아기도 아빠와의 놀이 시간을 좋아하고, 아빠를 보면 방긋방긋 웃기 시작했어요. 무엇보다 남편이 아기와 눈을 맞추고 옹알이를 따라 하고 '곰 세 마리' 노래를 부르는 걸 보는 게 너무 행복했어요. 아기와의 몸 놀이를 통해 진짜 아빠가 된 것 같아요. _지원맘

"마사지를 통해 혈자리를 알게 되어 평소 건강관리에도 도움이 돼요."

마사지를 하다 보니 온몸의 혈자리를 자연스럽게 터득하게 되었어요. 간단한 혈자리 자극을 통해 평소 건강관리를 하게 되더라고요. 아이와 손을 잡고 걸을 때 손가락으로 가볍게 혈자리를 문질러주고, 자기 전에 누워 있는 아이의 배꼽 양옆 혈자리를 눌러 아이가 편안하게 잠들도록 도와주죠. 아이가 소화가 안 된다며 답답해할 때도 배 마사지를 해주면 약을 먹지 않아도 괜찮아지는 경우가 많습니다. 무엇보다 평소 아이를 자주 만지다 보니 아이가 크면서도 엄마의 손길을 거부하지 않는 것이 가장 좋아요. 아이가 커도 아플 때마다 만져주던 엄마의 손길은 기억하지 않을까요? _윤서맘

〈아기 리듬 마사지 & 몸 놀이〉 이런 점이 좋아요

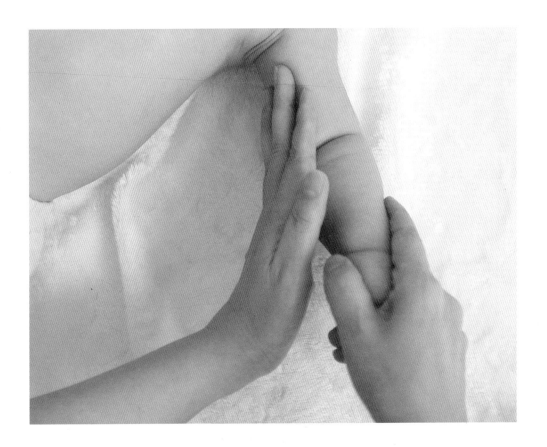

육아교실에 가지 않아도 집에서 쉽게 익힐 수 있어요

아기 마사지가 좋다는 건 알지만 아기를 데리고 문화센터나 육아교실을 찾아가는 게 쉽지 않은 엄마들이 많아요. 이 책 한 권이면 아기 마사지의 기본 테크닉부터 아기의 성장 단계와 상황에 맞춰 마사지하는 법까지 쉽게 익힐 수 있습니다. 특히 돌 이전 아기에게 꼭 필요한 마사지법을 개월 수에 맞춰 자세히 소개하고 있어요. 월령별 전신 마사지 방법과 부위별, 상황별 마사지 방법이 사진과 함께 꼼꼼히 설명되어 있어 우리 아기에게 꼭 맞는 마사지를 해줄 수 있습니다.

동요에 맞춰 마사지하면 아기가 좋아해요

아기가 마사지를 불편해 하는 경우도 있어요. 특히 백일이 지나면 가만히 누워 있으려고 하지 않고 엄마의 손길을 어색해하기도 합니다. 그래서 '우리 아기는 마사지를 싫어하나보다'라고 생각할 수 있죠. 이 책은 쉬운 동요를 부르며 마사지하는 방법을 소개하고 있어요. '곰 세 마리', '반짝반짝 작은 별'처럼 아기가 좋아할 만한 노래를 부르며 마사지해주면 아기가 노랫소리에 먼저 귀를 기울이게 돼요. 그러다 보면 자연스럽게 음악과 엄마의 마사지를 동일시하게 되어, 마사지 시간을 놀이 시간으로 여길 만큼 즐거워한답니다.

육아에 서툰 아빠도 몸 놀이로 애착을 쌓을 수 있어요

아기와 많은 시간을 보내는 엄마와 달리 아빠는 아기와 교감을 나눌 시간이 많지 않죠. 너무 작고 가벼워 만지기도 겁이 나는 아기와 어떻게 놀아줘야 할지 막막해하는 아빠들도 많아요. 육아에 서툰 아빠들을 위해 아기의 성장 단계별로 할 수 있는 몸 놀이를 소개합니다. 하루 5분 아기와 몸 놀이를 해보세요. 아기와 아빠가 정서적으로 교감을 나눌 수 있고, 아기의 신체 활용도가 높아져 운동능력도 발달해요.

원 포인트 마사지법으로 평소 아기의 건강을 돌볼 수 있어요

아기 마사지는 아기와 부모 간의 긍정적 애착관계를 형성하기 위한 스킨십을 기본으로 해요. 이를 통해 아기의 정서와 신체 발달을 돕지요. 하지만 마사지를 함으로써 각종 혈자리를 자극해 아기가 자주 걸리는 잔병을 예방하고 개선하는 데 도움을 줄 수도 있습니다. 이 책을 통해 기본 혈자리와 마사지법을 알아두면 아기의 평소 건강관리에 활용할 수 있어요. 기존의 아기 마사지에 혈자리 마사지를 결합해 수시로 마사지해주면 아기의 건강 유지, 성장발달에 좋은 영향을 미칩니다.

Part 1

시작하기 전에

아기 리듬 마사지
준비하기

아기에게 마사지가
필요한 이유

매일매일 자라는 아기의 변화를 알 수 있어요

아기는 출생 후 1년 동안 몸무게가 3배로 늘고, 키는 25~30cm 자라요. 신체 발달과 두뇌 발달이 긴밀하게 연결되어 있어 울기만 하던 아기가 3개월이 되면 웃고, 7개월이 되면 기어 다니며, 1년이 되면 두 발로 딛고 걸을 수 있게 됩니다.

이 과정에서 아기는 몇 차례의 급성장기를 겪어요. 첫 번째 급성장기는 생후 5~6주차에 나타나고, 그 후로도 백일 전후, 돌 전후 등에 몇 차례 더 나타나요. 급성장기는 신체가 빠르게 성장하는 시기로, 이때 뇌도 같은 속도로 발달해요. 그 때문에 아기는 정서적 혼란을 느껴 더 자주 울면서 보채고, 수유 양과 수면 패턴에도 변화가 생깁니다.

이렇듯 아기는 하루가 다르게 새로운 행동을 하고 새로운 모습을 보여요. 엄마가 아기의 발달에 대해 충분히 이해하고 적절히 대응하는 것이 무엇보다 중요해요. 마사지를 꾸준히 해주다 보면 아기의 이런 작은 변화와 성장을 바로 느낄 수 있어 민감하게 대응할 수 있습니다.

아기의 정서를 안정적으로 발달시켜요

하루가 다르게 크는 아기가 불안하고 불편함을 느끼는 건 당연한 일이에요. 아기가 우는 건 자신이 불편하니 해결해달라는 표현이에요. 이때 부모가 귀 기울이지 않으면 아기의 정서 발달에 좋지 않은 영향을 주게 돼요. 아기와 눈을 마주치며 웃어주고, 옹알이에 대꾸해주고, 안아주고 만져주세요.

특히 스킨십은 이제 막 태어난 아기의 정서 안정과 애착 형성에 중요한 영향을 미쳐요. 아기는 촉감에 예민한 신경 말단이 피부에 많이 퍼져 있어 무엇이든 몸에 닿으면 민감하게 반응하는데, 부모의 손길을 많이 받으면 편안함과 안정감을 느끼고 세상을 신뢰할 수 있게 돼요. 마사지는 스킨십을 토대로 이뤄지는 행위예요. 마사지를 하는 것만으로도 엄마와 아기의 애착이 형성됩니다.

스킨십을 많이 한 아기가 건강하고 똑똑하게 자라요

아기의 피부는 어른의 피부보다 얇고, 피부 속 수분을 보호하는 능력이 약합니다. 쉽게 건조해지고, 외부의 자극에 어른보다 더 민감하죠. 특히 피지(유분)가 적어 세균이나 박테리아 감염에 대한 저항력이 떨어져요. 신진대사가 활발하고 체온이 높은 반면 땀샘이 발달하지 않아 태열 등 피부 트러블도 많이 생길 수밖에 없어요. 어른보다 더 잘 관리해줘야 합니다. 매일매일 마사지를 하면서 아기의 피부에 관심을 가지세요.

마사지는 또한 체계적인 동작들로 혈액의 흐름을 좋게 하고 내장기관을 튼튼하게 해, 아기가 건강하고 예쁘게 자랄 수 있도록 도와줘요. 연구조사에 따르면 스킨십을 많이 한 아기가 일반적으로 덜 울고 더 건강하다고 해요. 품에 안겨 사랑의 손길을 많이 받은 아기들이 그렇지 않은 아기들보다 지적으로 더 뛰어나다는 견해도 있어요. 초기의 모든 스킨십 경험이 두뇌 발달을 촉진하기 때문입니다.

아기는 엄마의 목소리와 손길을 좋아해요

아기는 자궁에서 엄마의 호흡 소리, 심장박동 소리, 소화되는 소리들을 들으며 자랐기 때문에 엄마의 소리에 친숙함을 느껴요. 특히 엄마의 노랫소리는 아기의 뇌를 기분 좋게 자극해요. 리듬 마사지는 엄마가 노래하면서 놀이처럼 재미있게 마사지하기 때문에 아기가 좋아합니다.

아기 마사지를 할 때 조용하고 편안한 연주 음악을 틀어놓는 경우가 많죠. 아기에게 안정감을 주기 위해서인데, 엄마가 직접 흥얼흥얼 노래를 부르며 마사지해주면 더 좋아요. 아기가 안정감을 느끼는 것은 물론이고, 엄마의 입 모양을 유심히 관찰하고 목소리에 귀를 기울이게 돼 집중력이 생겨요. 아기가 크면서 자주 듣게 될 동요에 맞춰 꾸준히 마사지해주세요. 아기는 그 노래를 들을 때마다 스킨십의 기억이 떠올라 행복해질 겁니다.

아기 리듬 마사지,
이런 점이 좋아요

01

긍정적 애착 관계가
만들어져요

아기는 스킨십을 많이 할수록 사랑받고 있다고 느낀다. 마사지를 꾸준히 하면 아기와 엄마 사이에 긍정적인 애착 관계가 만들어져, 아기가 안정감을 느끼고 신뢰감과 자존감이 높아진다.

02

아기가 잠을
잘 자요

마사지를 하면 아기의 숙면을 돕는 멜라토닌 호르몬이 많이 분비된다. 잠들기 힘들어하거나 밤에 자주 깨는 아기라면 엄마의 따뜻한 손으로 어루만지는 마사지가 큰 도움이 된다.

03

신체가 균형 있게
발달해요

엄마 손으로 아기의 몸 구석구석을 만지는 마사지는 아기의 신체를 균형 있게 발달시킨다. 혈액의 흐름이 좋아지고 순환이 잘돼 신진대사가 원활해지는 효과도 있다.

04

**스킨십을 통해
두뇌가 발달해요**

부모와의 풍부한 스킨십과 상호작용이 아이의 두뇌 발달과 직결된다는 것은 잘 알려진 사실이다. 피부와 뇌는 풍부한 신경망으로 연결되어 서로 정보를 주고받기 때문에 피부감각을 발달시키면 아기의 두뇌도 발달한다.

05

**질병을 예방하고
면역력을 높여요**

돌 전에는 아기의 선천적 면역력이 약하다. 간단한 아기 마사지만으로도 림프의 순환을 도와 몸 안의 해로운 성분을 빼고 소화, 배설 능력을 높일 수 있다.

06

**아기의 언어를
이해하게 돼요**

아기가 왜 우는지, 왜 짜증내는지 모르겠다는 엄마들이 많다. 아직 말을 하지 못하는 아기들은 표정과 몸짓, 울음과 옹알이로 자신의 의견을 표현한다. 마사지를 하다 보면 아기의 반응을 섬세하게 살피게 되고, 어느 순간 아기가 무엇을 원하는지 이해하게 된다.

07

**육아 스트레스가
줄어요**

아기 마사지를 하면 엄마 역시 아기와 교감하며 행복해진다. 이 시간만큼은 아기와 눈을 맞추고 노래를 흥얼거리며 마음의 안정을 찾을 수 있기 때문이다.

아기의 오감을 자극하는 몸 놀이

아기는 몸으로 생각해요

아기는 태어나서 처음에는 자신에게 몸이 있다는 사실을 인지하지 못 한다고 해요. 일상의 여러 경험을 통해 신체지각이 점차 생겨난다고 합니다. 시각, 청각, 촉각, 후각을 자극하는 감각적 경험과 움직이고 행동하는 운동적 경험을 통해 사고가 발달하는 거예요.

아기 마사지가 엄마의 손길과 자극을 통해 건강과 안정을 찾는 과정이라면, 아빠와의 몸 놀이는 아기가 좀 더 능동적으로 반응하고 움직일 수 있게 하는 방법이에요. 오감을 자극하는 몸 놀이는 아직 움직임이 많지 않은 돌 전 아기의 성장발달에 무엇보다 중요한 역할을 합니다.

몸 놀이를 통해 두뇌가 발달해요

대부분 7세 전에 두뇌 신경회로의 약 90%가 완성된다고 알려져 있어요. 따라서 이 시기가 매우 중요한데, 아이의 두뇌는 몸과 유기적으로 연결되어 있어 움직임이 자유로울수록 좀 더 복잡한 사고를 할 수 있게 돼요. 많이 움직일수록 두뇌가 자극받고, 자극될수록 발달하는 것입니다.

몸 놀이는 아기가 몸으로 느낀 다양한 정보를 뇌에 활발히 전달해 뇌를 자극하는 데 효과적이에요. 또 몸의 감각을 지속적으로 폭넓게 경험한 아이들은 어떤 사물을 탐색할 때나 낯선 환경에 적응할 때 높은 집중력과 빠른 적응력을 보여요. 근육을 많이 움직여 신체적, 정서적 긴장이 풀리고 안정감도 생깁니다.

아기는 아빠와 노는 시간을 좋아해요

아기는 엄마 아빠와 신체 접촉을 충분히 해야 해요. 보통 엄마와 함께하는 시간이 더 많으니, 하루 5~10분 정도의 몸 놀이는 아빠와 하는 게 좋아요. 아빠와의 접촉은 아기의 사회성을 발달시키는 최고의 방법이에요.

아빠와의 몸 놀이를 통해 아기는 세상을 신뢰하게 되고 자존감이 높아져요. 타인과 잘 어울리고 상호관계를 맺는 것도 어렵지 않게 돼요. 몸 놀이를 할 때는 아빠가 앞장서서 이끌지 말고 아기가 주도하도록 기다리면서 아기가 보내는 신호를 관찰하는 것이 좋습니다.

아기와의 교감을 통해 아빠도 행복해져요

몸 놀이는 아기에게만 즐거운 일일까요? 아빠에게도 즐거운 경험이 됩니다. 아기와 잘 놀아주는 아빠는 아이와 풍부하게 교감하고 더 친밀해져 행복한 생활을 하게 돼요.

몸 놀이를 할 때만큼은 아기에게 집중하고 눈을 맞추고 말을 많이 걸어주세요. 몸 놀이라는 단어에 너무 얽매일 필요는 없어요. 아빠와 아기가 함께 누워서 몸을 맞대고 호흡을 느끼는 것, 웃는 것, 서로의 체온을 느끼는 것, 함께 있는 따뜻한 기분을 느끼는 것 등 스킨십을 하는 것 자체가 이 시기의 아기들에게는 몸 놀이가 됩니다.

아기와 몸 놀이,
이렇게 해주세요

01

18개월까지
꾸준히 해요

감각 운동기인 18개월까지는 하루 10~30분씩 매일 하는 것이 좋다. 몸 놀이는 신생아 때의 눈맞춤부터 온몸을 이용하는 신체 놀이까지 종류가 다양한데, 이 시기에는 되도록 기계 소리와 빛이 나는 장난감을 피하고 사람과 접촉하면서 감각을 익히게 한다.

02

몸이 많이 닿는
놀이가 좋아요

아기는 스킨십이나 물건 조작을 통해 크기, 모양, 구조 등을 인지하고 행복, 사랑 같은 감정을 익힌다. 닿는 면이 넓을수록 감각을 더 많이 사용하게 된다. 몸과 몸이 많이 닿는 놀이를 하면 아기가 더욱더 다양한 경험을 할 수 있다.

03

**아기 중심으로
세심하게
진행해요**

돌 전 아기들은 아직 자기 몸을 제대로 활용하지 못하기 때문에 월령별 발달 상태에 맞는 몸 놀이를 하는 것이 중요하다. 무엇보다 몸 놀이를 할 때 아기가 즐거워하는지, 아기가 원하는 것인지 세심하게 관찰하며 진행한다. 너무 강한 자극은 스트레스를 줄수 있고, 강압적인 경험은 트라우마가 될 수 있으니 주의한다.

04

**생활 속에서
자연스럽게
놀아요**

놀이는 시간을 정해두고 하는 것보다 일상생활 속에서 자연스럽게 하는 것이 좋다. 책에서 권하는 놀이 방법을 고수하기보다 아기가 하고 싶어 하는 행동을 중심으로 놀이를 이어간다. 아기가 놀이에 관심이 없을 때는 소리를 내서 주의를 끌거나 놀잇감을 감췄다가 보여주면서 관심을 유도하는 것도 좋다.

05

**모든 놀이를
반복해서 해요**

신경세포는 새로 생성되기가 어렵다. 기억하고 다시 떠올리는 과정을 반복해야 신경세포가 형성되고 뇌 발달로 이어진다. 그렇기때문에 놀이를 한 번으로 끝내지 말고 반복해서 하는 것이 좋다. 반복해도 매번 똑같지 않고 조금씩 다른 놀이로 확장되며, 똑같아 보이는 놀이도 아기에게는 각각 다른 의미의 경험이 된다. 놀이에 사용하는 소품을 조금씩 바꿔도 좋다.

마사지하기 전,
무엇을 준비할까요?

아기가 기분 좋을 때가 마사지하기 좋은 시간이에요

아기 마사지를 언제 해야 하는지는 정해져 있지 않아요. 아기가 기분 좋을 때 하면 돼요. 아기의 기분은 움직임을 보면 알 수 있어요. 마사지를 받고 싶으면 팔다리를 버둥거리며 몸을 가볍게 흔들죠. 하지만 마사지할 기분이 아니면 머리와 몸을 옆으로 흔들면서 거부해요. 마사지를 꾸준히 하다 보면 아기의 기분까지 세심하게 살필 수 있습니다.

마사지는 10분 이내로 하세요. 짧게 해야 아기가 지루해하지 않아요. 하루 중 몇 차례로 나누어 3~5분씩 하는 것도 좋아요. 한 가지 마사지를 2~3회씩 반복하고, 아기가 좋아하면 조금 더 해줘도 됩니다.

아기가 좋아하는 환경을 만들어요

아기 마사지는 편안한 자리에서 해주세요. 아기가 누웠을 때 안정감을 느끼도록 바닥이 딱딱하지 않은 곳이 좋아요. 실내 온도도 따뜻하게 맞춰주세요. 마사지에 딱 맞는 온도가 정해져 있지는 않지만, 너무 춥거나 더우면 체온 조절이 힘들 수 있어요. 옷을 벗기고 마사지하면 아기에게 자극이 더 잘 전달됩니다.

엄마가 편안해야 아기도 편안해요

엄마가 정신적으로 불안해 마사지에 집중하지 못하거나 몸이 불편하면, 마사지를 받는 아기역시 안정감을 느낄 수 없어요. 엄마가 편안해야 아기도 편안합니다. 아기 마사지를 하기 전에 엄마 먼저 몸과 마음을 편하게 이완시키세요.

무엇보다 엄마의 손을 청결히 하는 것이 중요해요. 아기가 상처를 입지 않도록 손톱을 짧게 깎고, 액세서리는 풀어놓으세요. 특히 엄마의 손이 닿았을 때 아기가 따뜻함을 느낄 수 있도록 손을 따뜻하게 하세요.

피부에 좋은 순한 오일을 준비해요

마사지하다가 아기 피부에 상처가 나는 일을 막고, 연약한 피부에 보습과 영양을 줄 수 있도록 식물성 오일을 준비하세요. 마사지용 오일이 정해져 있지는 않아요. 다만, 아기는 피부가 매우 약하고 예민하며 손을 입에 가져다 대는 경우가 많으므로, 화학 성분이 들어가지 않은 100% 천연 성분의 식물성 오일을 사용하는 것이 좋아요. 아기에게 오일로 마사지하기 전에 팔 안쪽이나 종아리 등에 오일을 발라 알레르기 반응이 일어나지 않는지 꼭 확인하세요.

이럴 땐 마사지하지 않는 게 좋아요

- 식전이나 식후 30분 전에는 하지 않는다. 아기가 음식을 먹고 30분 정도 지나 소화가 충분히 된 뒤에 마사지하는 것이 좋다.
- 마사지하는 중에는 아기에게 음식을 먹이지 않는다. 아기가 칭얼거리면 과자나 간식을 주며 억지로 마사지하기보다 중단하는 것이 낫다.
- 아기가 졸려 하거나 울면 마사지를 하지 않는다. 재우거나 달랜 뒤 컨디션이 좋아지면 다시 한다.
- 예방접종 후 48시간 이내에는 마사지하지 않는다. 염증, 짓무름 등 피부질환이 있을 때도 하지 않는 것이 좋다.
- 마사지 도중 아기가 잠들면 깨우지 않는다. 아기가 잠을 충분히 자고 나서 기분이 좋아지면 다시 한다.

아기 리듬 마사지에 대한 궁금증
Q & A

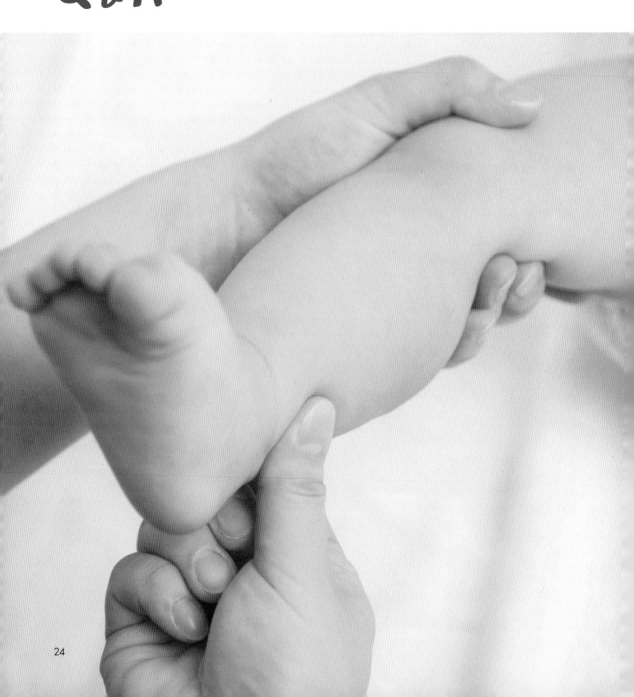

Q 아기 마사지는 언제 시작하는 것이 좋을까요?

A 엄마의 몸이 회복되고 아기의 컨디션이 좋다면, 아기가 태어난 날부터 바로 가벼운 마사지를 시작해도 됩니다. 다만, 신생아는 머리 마사지를 할 때 숨구멍을 누르지 않도록 주의하고, 배꼽이 완전히 떨어질 때까지 그 부분은 만지지 마세요.

Q 마사지는 얼마나 자주 해야 하나요?

A 아기 마사지는 처음 시작하고 3~4일 정도는 연속으로 해야 아기가 엄마의 손길을 익숙하게 느껴요. 아기가 마사지를 편안해하면 1주일에 최소 3번 정도 꾸준히 하는 것이 좋습니다.

Q 아기가 마사지에 집중하지 못하면 어떻게 할까요?

A 마사지하는 동안 아기가 칭얼대고 집중하지 않으면 일단 중단하는 것이 좋습니다. 아기가 충분히 자고 충분히 먹었는지, 다른 불편함은 없는지 다시 한번 확인하세요.

Q 마사지를 어떤 강도로 하는 게 좋을까요?

A 아기 마사지는 천천히, 부드럽게, 동작을 크게 하는 것이 포인트입니다. 손에 잡히는 근육을 따라 부드럽게 누르고, 뼈가 있는 부분은 더 부드럽게 마사지해주세요.

Q 마사지할 때 아기가 자꾸 움직여요.

A 마사지를 시작하기 전에 아기에게 미리 신호를 주어 아기도 마음의 준비를 할 수 있게 하세요. 그래도 많이 움직이면 손에 장난감을 쥐어주고 마사지해도 됩니다.

Q 마사지는 몇 살까지 하나요?

A 마사지는 아기와 엄마가 유대감을 형성할 수 있는 가장 좋은 방법이에요. 영유아기에서 그치지 말고 청소년기까지 꾸준히 해주면 아이의 정서 발달에도 도움이 됩니다.

Q 마사지하다가 이상 증후가 나타나면 어떻게 하나요?

A 아기가 갑자기 열이 오른다면 마사지를 중단하고 미지근한 수건으로 열을 식히세요. 피부가 약한 아기는 붉어지기도 하는데, 이때는 힘을 조금 빼고 부드럽게 어루만져주세요.

아기 리듬 마사지의 기본 테크닉

🎵 마사지 전, 엄마 손 약손 만들기

마사지는 손으로 이뤄지는 만큼 손의 움직임이 중요합니다. 마사지를 하면서 엄마 손이 혹사당하거나 경직되어 손, 손목, 팔뚝, 어깨까지 피로가 올 수도 있어요. 생활 속에서 쉽게 할 수 있는 손 운동을 습관화하는 것이 좋아요. 손의 힘과 유연성을 길러놓으면 마사지의 완급 조절과 압박 강도를 일정하게 유지하기 쉽고, 피로와 부상을 막는 데도 도움이 됩니다.

마사지하는 동안에도 가끔 손을 흔들거나 비벼 긴장을 풀면 좋아요. 흔히 아기를 편하게 하느라 엄마가 불안정한 자세가 되기도 하는데 이것도 주의해야 합니다.

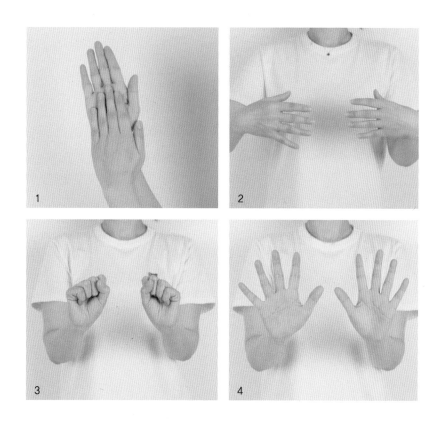

① **비비기** 양손을 마주 비벼 열을 내 따뜻하게 한다. 따뜻한 손으로 마사지하면 효과를 높일 수 있다.

② **손 털기** 양어깨를 편안하게 하고 손목을 가볍게 턴다. 손목과 어깨 근육을 이완시키는 데 좋은 동작이다.

③ **주먹 쥐기** 양 주먹을 꼭 쥐고 조금씩 더 힘주어 쥐며 30초 동안 버틴다. 3번 이상 반복한다.

④ **손 쫙 펴기** 손가락 사이가 최대한 벌어지도록 양손을 쫙 펴서 30초 이상 버틴다. 3번 이상 반복한다.

마사지를 시작하기 전에 아기 마사지의 기본 손동작을 익혀두면 부위별 마사지를 할 때 한결 쉽습니다. 특별히 어려운 동작은 없어요. 감싸기, 쓸기 등은 아기의 피부에 가볍게 손을 대는 정도로 하고, 주무르기, 누르기, 두드리기 등은 그보다 조금 더 힘을 줘서 마사지합니다. 이때 갑작스러운 자극에 아기의 근육이 놀라지 않도록 해야 해요. 엄마의 손길이 아기의 피부에 닿는 것만으로도 기본적인 자극이 되니 아주 부드럽게 만지며 시작하는 것이 좋습니다.

 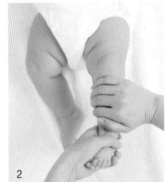 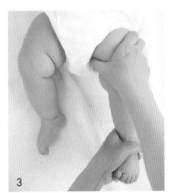

① **주무르기** 　손으로 아기의 몸을 쥐었다 폈다 하는 동작. 부드럽게 주무르는 동작으로 아기의 근육을 풀어줄 수 있다.

② **감싸기** 　손바닥 전체로 마사지할 부분을 살짝 감싼다. 강도는 가볍게 손을 대는 정도로 한다.

③ **감싸 쥐기** 　손을 살짝 오므려 마사지할 부분을 감싸 쥔다. 감싸기보다는 조금 더 힘을 준다.

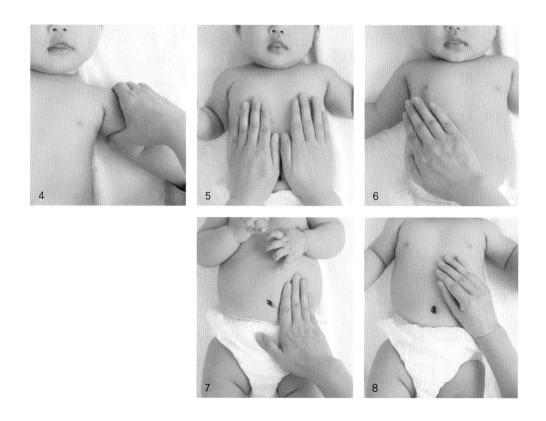

④ **C자 모양**　　손을 C자 모양으로 만들어 마사지할 부분에 대고 부드럽게 문지른다.

⑤ **쓸기**　　　　양 손바닥으로 마사지할 부분을 가볍게 쓸어준다. 아기 몸이 따뜻해진다.

⑥ **쓸어 돌리기**　손바닥을 아기 몸에 대고 원을 그리며 쓸어준다. 이 동작을 반복하면 아기 몸의 혈액순환이 원활해진다.

⑦ **누르기**　　　손바닥 또는 손가락을 아기 몸에 대고 누른다. 아기의 피하근육과 장부를 자극한다.

⑧ **두드리기**　　손을 동그랗게 오므려 마사지할 부분을 가볍게 두드린다.

Part 2

0세부터
첫돌까지

성장 단계별
리듬 마사지 & 몸 놀이

임산부 태아 마사지

임신 때부터 태아 마사지를 하면 튼살 관리와 혈액순환에 도움이 되는 것은 물론 태아와도 교감할 수 있어요. 태동이 느껴지는 임신 중기부터 시작할 수 있고, 태동이 시작되면 매일 규칙적으로 하는 것이 좋아요.

자궁벽이 팽창해 두께가 얇아지고 청력이 발달하여 8개월부터는 외부 소리에 더 강한 반응을 보여요. 이때는 특히 태아가 엄마의 감정을 느끼게 되는 시기인 만큼 엄마가 기분 좋을 때 마사지하는 것이 가장 효과적이에요. 아빠의 저음 목소리에 태아가 더 민감하게 반응하니 아빠와 함께 마사지하는 것이 좋습니다.

임산부 태아 마사지, 이런 점이 좋아요

**튼살 예방과
혈액순환에 좋아요**

많은 임산부의 고민거리 중 하나가 바로 튼살과 셀룰라이트다. 태아 마사지를 꾸준히 하면 피부를 유연하게 만들어 튼살을 예방할 수 있다. 따뜻한 손으로 배를 쓰다듬으면 혈액과 림프의 순환도 원활해진다.

**복부 가려움증을
줄일 수 있어요**

임신 중에는 살이 팽창하면서 피부가 당겨 가려운 증상이 나타난다. 샤워 후 물기가 다 마르기 전에 보습제를 발라 수분과 유분을 보충하고 배를 부드럽게 마사지를 하면 복부 가려움증을 줄일 수 있다.

**태동이 심한 아기를
안정시켜요**

태동이 심하다는 것은 태아가 엄마의 자궁 안에서 건강하게 잘 지낸다는 것을 의미한다. 하지만 태아의 움직임이 너무 크면 엄마가 통증을 느끼기도 한다. 이럴 때 태아 마사지를 하면 조금 편안해진다.

**태아의 성장발달을
도와요**

태아는 엄마 배 속에서 많은 것을 느끼고 성장한다. 엄마의 배를 부드럽게 쓰다듬으면 양수의 규칙적인 파동이 태아의 피부 표면을 자극해 대뇌 발달에 도움을 준다. 부모와의 교감으로 정서적 안정도 찾게 된다.

**임산부에게
안정감을 줘요**

태아 마사지는 임산부가 심리적으로 안정된 상태일 때 가장 편한 자세로 하는 것이 좋다. 따뜻한 손으로 배를 부드럽게 쓰다듬으면 혈압이 내려가고 긴장과 스트레스로 경직된 몸이 이완되는 효과가 있다.

**태아와
친해질 수 있어요**

엄마는 열 달 동안 배 속에 아기를 품고 있지만, 아기가 태어나기 전까지는 엄마가 된다는 사실이 막연하다. 태아 마사지를 하면서 태담을 나누면 훨씬 친밀감을 느끼게 된다.

엄마가 스스로 하는 태아 마사지

★ 노래 : 곰 세 마리 ★

작사 · 작곡 미상

임산부 혼자서도 쉽게 태아 마사지를 할 수 있다. 양손에 오일을 덜고 비벼 손이 따뜻해지면 배를 쓰다듬으며 "사랑하는 아가야, 엄마랑 마사지하자"라고 말한 뒤 마사지를 시작한다. 마사지를 마친 후에도 마무리로 배를 가볍게 두드리며 "참 잘했어요", "사랑해" 등 칭찬이나 긍정의 말을 해준다.

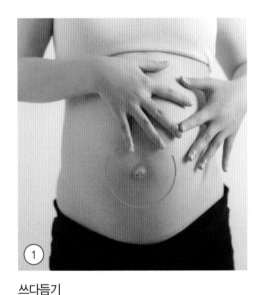

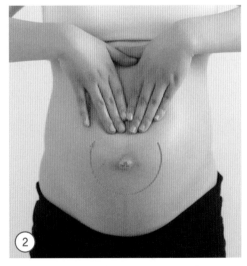

쓰다듬기

배꼽을 중심으로 시계방향으로 크게 2회 쓰다듬는다. 🎵 곰 세 마리가 한 집에 있어

누르기

손바닥으로 배를 시계방향으로 4회 누른다.
🎵 아빠 곰, 엄마 곰, 아기 곰

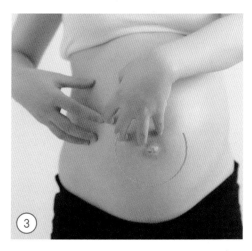

두드리기

손가락을 살짝 모아 시계방향으로 두드린다.

♫ 아빠 곰은 뚱뚱해

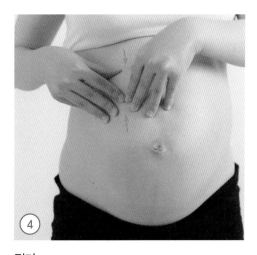

집기

손가락 끝으로 배를 살짝 집었다 놓기를 2회 반복한다. ♫ 엄마 곰은 날씬해

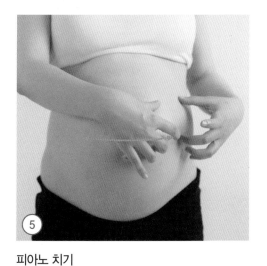

피아노 치기

피아노를 치듯이 손가락을 좌우로 왔다 갔다 움직인다.

♫ 아기 곰은 너무 귀여워

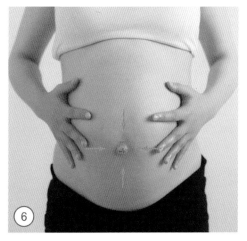

모으기

손바닥을 배에 대고 양옆에서 2회, 위아래에서 2회 배꼽 쪽으로 모은다.

♫ 으쓱으쓱 잘한다

아빠가 태담 하며 하는 태아 마사지

아빠도 태아 마사지를 통해 태아와 교감할 수 있다. 마사지 방법은 엄마가 스스로 하는 태아 마사지와 같으며, 아기가 잘 들을 수 있도록 아빠의 따뜻하고 편안한 목소리로 태담을 나누며 마사지하는 것이 포인트다. 엄마가 스스로 마사지할 때는 맨살에 하는 것이 좋지만, 아빠가 태담 하며 하는 태아 마사지는 옷을 입고 해도 된다.

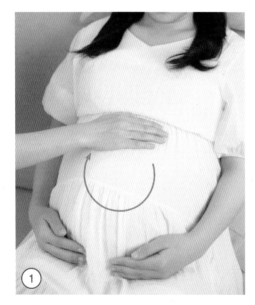

쓰다듬기

배꼽을 중심으로 시계방향으로 크게 2회 쓰다듬는다. 💬 "최고의 선물인 ○○야"

(○○에 태명을 넣는다.)

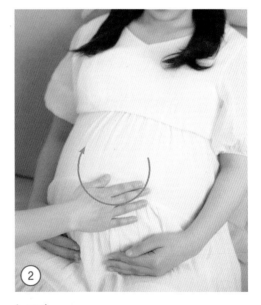

누르기

손바닥으로 배를 시계방향으로 4회 누른다.

💬 "엄마랑 아빠가 마사지 해줄게"

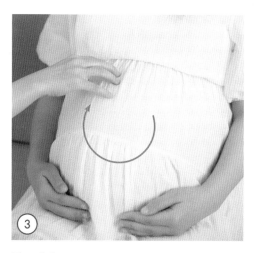

두드리기

손가락을 살짝 모아 시계방향으로 두드린다.

💬 "○○야 건강하게 자라렴"

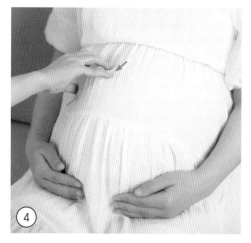

집기

손가락 끝으로 배를 살짝 집었다 놓기를 2회 반복한다. 💬 "○○야 예쁘게 자라렴"

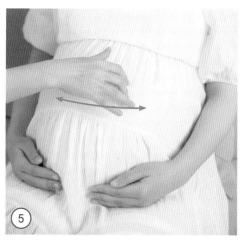

피아노 치기

피아노를 치듯이 손가락을 좌우로 왔다 갔다 움직인다.

💬 "아빠는 ○○를 많이 많이 축복해"

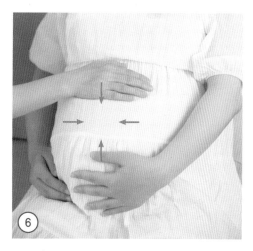

모으기

손바닥을 배에 대고 양옆에서 2회, 위아래에서 2회 배꼽 쪽으로 모은다.

💬 "○○가 와줘서 정말 고마워"

신생아 마사지 & 몸 놀이

생후 4주까지를 신생아기라고 해요. 아기가 엄마 배 속에서 막 나와 새로운 세상에 적응하는 중요한 시기예요. 이 시기에 아기는 숨을 쉬고 잠을 자고 젖을 먹고 눈을 뜨고 조금씩 움직입니다. 조심해서 다뤄야 하지만, 그렇다고 해서 눕혀만 놓고 키우는 것은 바람직하지 않아요. 먹고 자는 시간 외에 노는 시간도 필요해요. 특정한 놀이보다는 아기의 몸을 만지고 눈을 마주치며 이야기를 하는 것이 아기와 교감하는 가장 좋은 방법입니다.

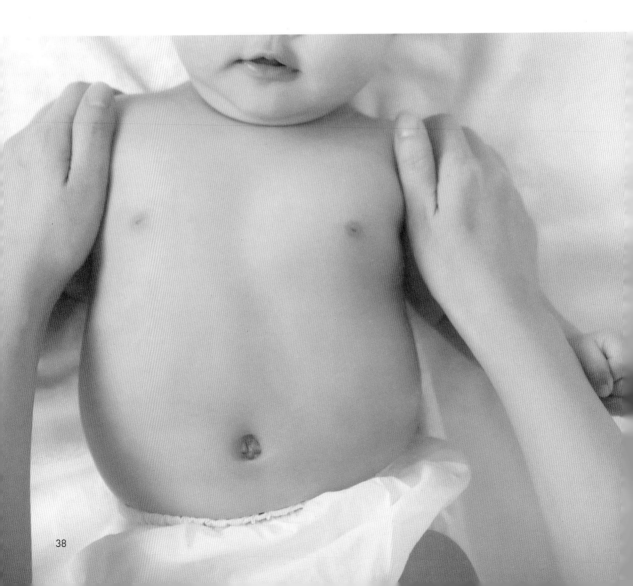

신생아기의 발달 특징

신생아는 온몸이 불그스름하며 머리가 몸의 1/4 정도로 크다. 아기에 따라 신체 발달의 차이가 있으므로 이를 이해하면서 장애와 질환이 없는지 살펴야 한다. 신체 기능이 전반적으로 미숙하기 때문에 아기를 다룰 때 특별히 조심해야 한다.

- 신생아의 체중은 보통 2.5~4kg이고, 키는 50cm 정도다.

- 밤과 낮 구분 없이 하루에 18~20시간을 잔다.

- 체온이 보통 성인보다 1도 정도 높은 36.5~37.5도이며, 체온 조절 능력이 약하다.

- 젖 빨기, 삼키기, 눈 깜박거리기 등 본능적인 반사행동을 보인다.

- 배냇짓과 울음 등으로 의사소통을 한다.

많이 웃어주고, 안아주고, 옹알이에 대답해주세요

신생아기에는 오직 감각을 통해 모든 것을 인지한다. 수유하거나 기저귀를 갈 때마다 아기를 보면서 많이 웃어주고 안아주고 옹알이에 대답해주는 것이 좋다. 아기의 감각 중 가장 큰 부분을 차지하는 것은 피부의 촉각이다. 피부 접촉을 통해 사랑을 표현하는 것은 정서를 안정시키고 애착을 형성하는 가장 좋은 방법이다.

전신 마사지

⭐ 노래 : 나비야 ⭐

작사 미상 · 작곡 독일 민요

신생아는 평소 속싸개로 싸서 안정감을 주어야 편안하게 잠을 잔다. 기저귀를 갈 때나 목욕시킨 후 전신 마사지로 엄마의 손길을 느끼게 한다.

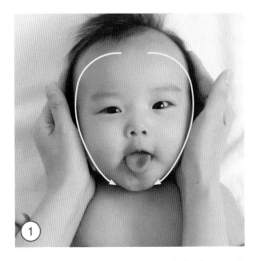

양손으로 아기의 이마에서 턱까지 하트 모양을 부드럽게 2번 그린다.

🎵 나비야, 나비야

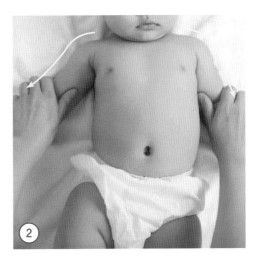

아기의 양어깨를 감싸듯이 잡고 손끝까지 부드럽게 2회 쓸어내린다.

🎵 이리 날아오너라

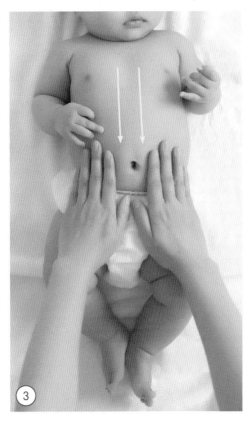

③

양손으로 아기의 가슴부터 배까지 부드럽게
2회 쓸어내린다.

♫ 노랑나비, 흰나비

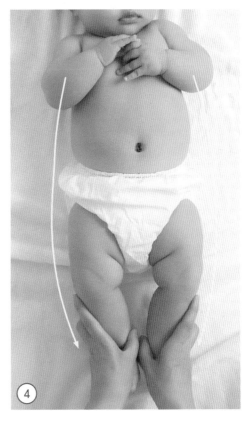

④

아기의 양쪽 겨드랑이부터 옆구리를 지나 발
목까지 2회 쓸어내린다.

♫ 춤을 추며 오너라

Tip
신생아는 엄마의 목소리를 좋아하며, 노랫소리는 더 좋아한다. 하루 1~2회 정도 꾸준히 해주면 한 달 뒤엔 노래에 반응한다.

얼굴 마사지

⭐ **노래 : 요기 여기** ⭐

작사·작곡 김숙경

신생아의 얼굴에는 오감이 집중되어 있다. 노래를 부르며 가볍게 얼굴을 마사지해주면 평소에도 얼굴 만지는 것을 좋아하게 된다.

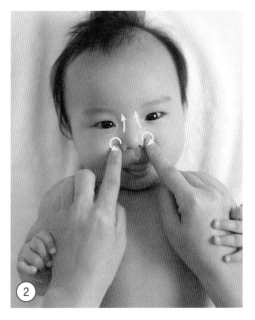

양손 엄지로 아기의 눈썹을 바깥쪽으로 부드럽게 2회 쓸어준다.

♫ 눈은 어디 있나, 요기

양손 검지로 아기의 콧방울 옆을 여러 번 부드럽게 돌려 문지른 뒤, 콧대를 따라 위로 올라간다. ♫ 코는 어디 있나, 요기

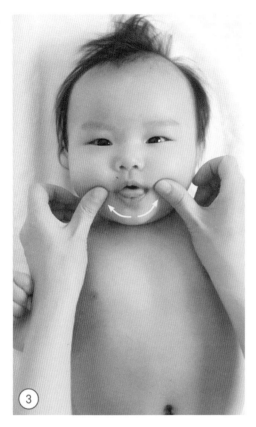

③

양손 엄지로 아기의 아랫입술 가운데에서 입
꼬리까지 부드럽게 2회 쓸어 올린다.

🎵입은 어디 있나, 요기

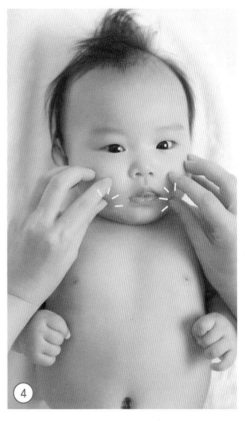

④

Tip

얼굴은 피부가 얇아 오일보다 로션을 사용하는
것이 좋다. 마사지하는 부위에 따라 그때그때
눈썹, 귀 등으로 가사를 바꿔 부른다.

양 손가락으로 아기의 볼을 가볍게 여러 번
두드린다.

🎵예쁜 볼은 어디에 있나, 요기

터미 타임

터미 타임(tummy time)은 tummy(배)와 time(시간)의 합성어로 아기가 배를 깔고 엎드려 있는 시간을 뜻한다. 아기가 잠깐이라도 엎드려 있으면 심폐기능이 강화되고, 목과 어깨, 등, 팔까지 상체가 균형 있게 발달한다. 협응력이 생겨 몸을 뒤집거나 손을 뻗어 장난감을 잡을 때도 도움이 된다. 아기의 시야가 넓어져 시각 발달에도 좋다. 누워서 천장만 보는 아기와 다르게 터미 타임을 하는 아기는 고개를 들어 자신의 눈높이에서 세상을 볼 수 있기 때문이다.

터미 타임은 신생아부터 가능하며 기어 다니기 전까지 꾸준히 하는 것이 좋다. 처음에는 아빠나 엄마의 상체에 아기를 올려놓고 시작한다. 2개월부터는 바닥에 엎드려 놓고 아기가 즐기는 정도만 하고, 아기가 끙끙대거나 힘들어하면 즉시 멈춘다. 시간은 몇 초 정도로 짧게 시작해 점차 몇 분까지 늘려가는 것이 좋다. 특히 아빠와 터미 타임을 꾸준히 가지면 신생아가 아빠와 함께 있을 때도 안정감과 편안함을 느끼게 된다.

⚠ **터미 타임 할 때 주의하세요**

터미 타임은 낮잠을 자고 나서 또는 기저귀를 갈고 나서 하면 좋다. 수유 후에는 아기가 힘을 주다 게워낼 수 있으므로 피한다. 아기가 잠을 잘 때는 바로 눕혀 재운다. 터미 타임은 반드시 아기가 깨어 있을 때만 한다.

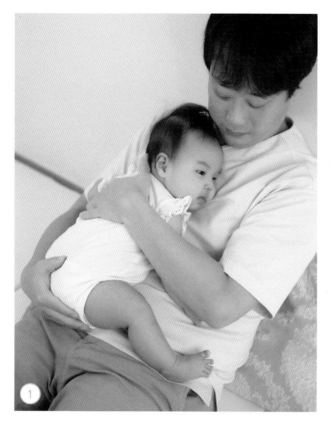

아빠가 벽에 기대어 앉아 아기를 상체 위에 엎드려놓는다. 신생아는 아직 고개를 잘 가누지 못하므로 머리를 잘 받쳐야 한다. 노래를 부르며 머리, 어깨, 등, 엉덩이, 다리 순으로 온몸을 부드럽게 쓸어내린다.

앉아서 하는 자세를 아기가 힘들어하면 아빠가 누워서 배 위에 아기를 엎드려놓고 해도 좋다. 아기의 머리를 한쪽으로 돌려놓고 아기가 편안하도록 자세를 잡는다. 노래를 부르며 머리부터 어깨, 등, 엉덩이, 다리까지 온몸을 부드럽게 쓸어내린다.

2~3개월 마사지 & 몸 놀이

아기는 조금씩 환경에 적응하기 시작합니다. 먹는 것, 대소변 보는 것, 자는 것 등 하루일과에 일
정한 패턴이 생기죠. 이 시기가 되면 돌봐주는 사람을 알아보고 먼저 웃기도 합니다. 엄마 아빠
가 아기의 눈을 맞추며 많이 웃어주고 말을 거는 등 지속적인 자극을 주는 게 좋아요.
반면 혼자 있는 것을 싫어해 보채고 우는 일이 많아지기도 합니다. 아기가 불안해하지 않도록 계
속 옆에 있다는 사실을 알려주고 많이 안아줘 정서적으로 안정감을 주어야 해요.

2~3개월 아기의 발달 특징

생후 6주 정도가 되면 신체 발달이 급격하게 이루어져 목을 가누고 손과 발을 활발하게 움직인다. 손을 가지고 놀고 옹알이를 시작하는 것도 바로 이 시기다. 옹알이할 때 소리를 따라 하거나 반응해주면 언어 발달에 큰 도움이 되며 친밀한 유대감이 형성된다.

- 사물을 뚜렷하게 볼 수 있다.
- 딸랑이 소리, 엄마 목소리 등에 반응한다.
- 눈과 손의 협응이 시작되어 손에 닿는 물건들을 무조건 입으로 가져간다.
- 발달이 빠른 아기는 2개월 정도가 되면 배를 깔고 엎드려서 머리를 들 수 있다.
- 영아산통으로 밤에 이유 없이 울기도 한다.

아기가 웃기 시작해요

생후 2~3개월은 아기와 부모 간에 애착을 형성하는 가장 중요한 시기다. 아기는 자신의 감정을 울음이나 웃음으로 표현한다. 이때 엄마 아빠가 적극적으로 반응해야 아기의 두뇌 발달과 정서적 안정에 도움이 되고, 아기가 자신감 있는 아이로 성장한다.

**2~3개월
마사지
01**

기저귀 스트레칭1

⭐ 노래 : 자전거 ⭐

작사 목일신 · 작곡 김대현

기저귀를 갈 때마다 스트레칭을 해주면, 다리가 튼튼해지고 기저귀 가는 시간도 즐거워진다.
가볍고 부드럽게 한다.

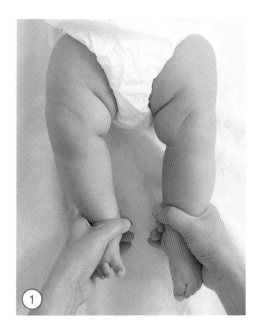

양손으로 아기의 발목을 감싸듯이 잡고 가볍
게 살살 턴다.

🎵 따르릉 따르릉, 비켜나세요

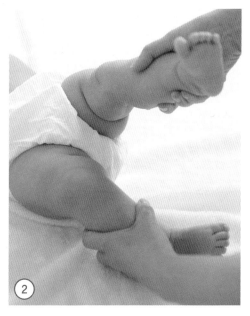

양손으로 아기의 종아리를 감싸듯이 잡고 다
리를 번갈아 위아래로 올렸다 내렸다 한다.

🎵 자전거가 나갑니다, 따르르르릉

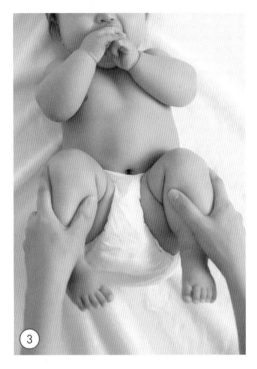

③

양손으로 아기의 종아리를 감싸듯이 잡고 다
리를 배 쪽으로 지그시 2회 민다.

♫ 저기 가는 저 사람 조심하세요

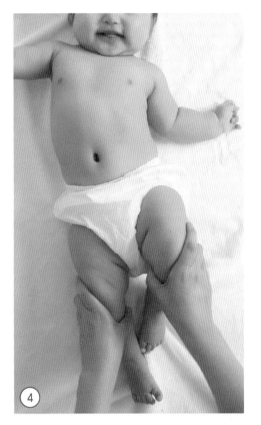

④

양손으로 아기의 넓적다리를 감싸듯이 잡고,
쭉쭉이를 하듯이 누르며 발목까지 내려온다.

♫ 우물쭈물하다가는 큰일납니다

Tip
아기들은 의성어나 의태어의 리듬감을 좋아한다. 노래를 부를 때 '따르릉', '우물쭈물' 등의 단어를 강조한다.

2~3개월
마사지
02

손 마사지

★ 노래 : 곰 세 마리 ★

작사 · 작곡 미상

아기의 손을 부드럽게 만져주면 발달이 덜 된 손 근육의 긴장이 풀리고 유연성이 좋아진다.
손가락 마사지는 소뇌에 바로 영향을 주기 때문에 두뇌 발달에도 좋다.

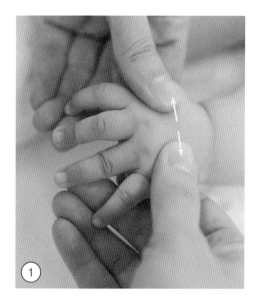

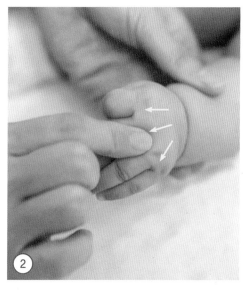

양손 엄지로 아기의 손등을 가운데에서 양옆
으로 감싸듯이 부드럽게 여러 번 쓸어준다.

♬ 곰 세 마리가 한 집에 있어

한 손으로 아기의 손을 가볍게 받치고, 다른
손 검지로 손목에서 손가락 사이까지 부드럽
게 쓸어내린다.

♬ 아빠 곰, 엄마 곰, 아기 곰

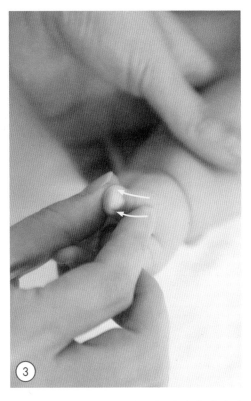

③

엄지와 검지로 아기 손가락을 하나씩 가볍게
쓸어내린다.

♬ 아빠 곰은 뚱뚱해 (엄지, 검지)
   엄마 곰은 날씬해 (중지, 약지)
   아기 곰은 너무 귀여워 (새끼 손가락)

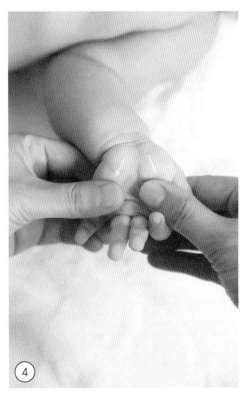

④

양손 엄지로 아기의 손바닥을 손목에서 손가
락 쪽으로 부드럽게 여러 번 쓸어내린다.

♬ 으쓱으쓱 잘한다

Tip
손 마사지를 할 때 아기가 싫어하면 손가락을 억지로 벌리지 않는다.

발 마사지

⭐ 노래 : 곰 세 마리 ⭐

작사 · 작곡 미상

발 마사지는 혈액순환을 좋게 하고 신체발육에 도움을 준다. 특히 아기의 발가락 끝은 쉽게 차가워지므로 자주 만져준다.

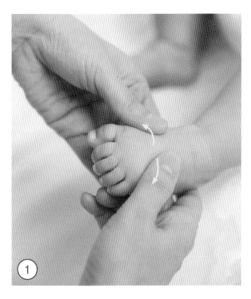

①

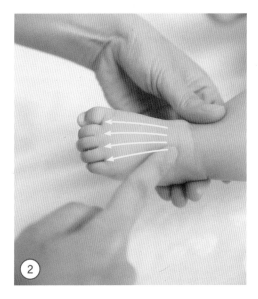

②

양손 엄지로 아기의 발등을 가운데에서 양옆으로 감싸듯이 부드럽게 여러 번 쓸어준다.

🎵 곰 세 마리가 한 집에 있어

한 손으로 아기의 발목을 가볍게 받치고, 다른 손 검지로 발목에서 발가락 사이까지 부드럽게 쓸어내린다.

🎵 아빠 곰, 엄마 곰, 아기 곰

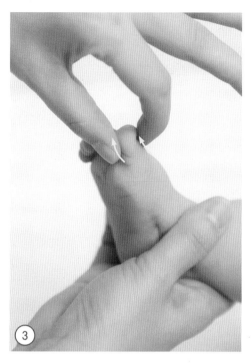

엄지와 검지로 아기 발가락을 하나씩 가볍게
쓸어내린다.

♫ 아빠 곰은 뚱뚱해(엄지, 검지)
  엄마 곰은 날씬해(중지, 약지)
  아기 곰은 너무 귀여워(새끼발가락)

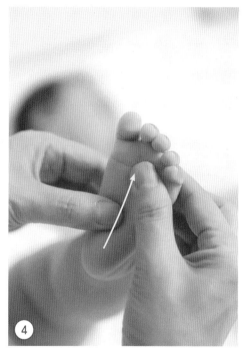

양손 엄지로 아기의 발바닥을 발꿈치에서 발
가락 쪽으로 부드럽게 여러 번 쓸어 올린다.

♫ 으쓱으쓱 잘한다

Tip
발 마사지를 할 때 아기의 발을 수직으로 높이 올리지 않는다. 발가락도 억지로 벌리지 않도록 유의한다.

배 마사지

⭐ 노래 : 산토끼 ⭐

작사·작곡 이일래

이 시기에는 먹는 양이 많아져 소화불량이 일어나기 쉽다. 배앓이 예방에 배 마사지가 도움이 된다.

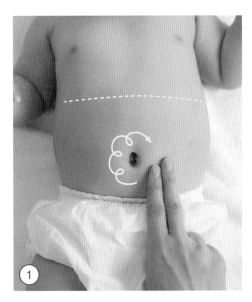

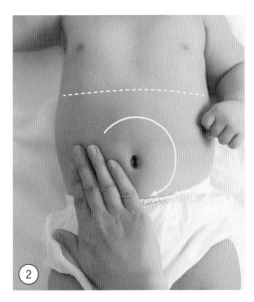

검지와 중지로 아기의 배꼽 주변을 나선형으로 문지르며 작은 원을 2회 그린다.

🎵 1절 : 산토끼 토끼야
　　2절 : 산 고개 고개를

한 손으로 아기의 배를 시계방향으로 큰 원을 그리며 부드럽게 2회 문지른다.

🎵 1절 : 어디를 가느냐
　　2절 : 나 혼자 넘어서

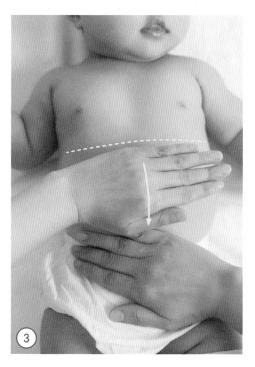

양 손바닥을 아기의 배에 가로로 올려놓고 번
갈아 부드럽게 여러 번 쓸어내린다.

♫ 1절 : 깡총깡총 뛰면서
　　2절 : 토실토실 알밤을

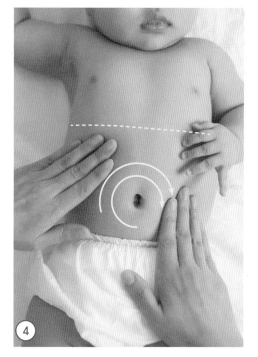

오른손으로 아기의 배를 한 바퀴 부드럽게
문지른 뒤, 왼손으로 반 바퀴 부드럽게 문지
른다.

♫ 1절 : 어디를 가느냐
　　2절 : 주워서 올 테야

Tip
배 마사지는 가슴과 배를 구분해 정확한 자리를 마사지해야 한다.

손가락 잡기

이 시기에는 뇌신경이 발달하고 팔다리 운동이 활발해진다. 특히 손 싸개를 빼고 손을 움직이기 시작할 때라서 손가락 놀이를 하면 좋다. 손가락 놀이는 아기에게 시각적 자극을 주고 협응력을 키워준다.

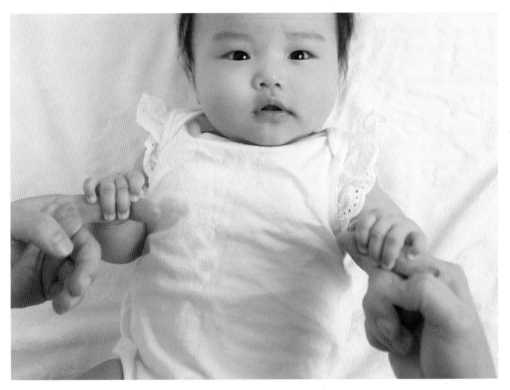

아빠의 검지를 아기가 잡게 한 뒤 상하좌우로 움직인다. 아빠의 모든 손가락을 차례대로 사용해도 좋다. 아빠가 손가락을 아기 손바닥에 대면 아기는 반사적으로 손가락을 움켜쥐고 펴지 않는데, 손등을 만져주면 아기가 손을 편다.

한 몸 놀이

아빠와 한 몸 놀이를 하면 아직 목을 잘 가누지 못하는 아기도 중심 잡기를 익힐 수 있다. 아빠의 품에 안겨 있어 정서적으로 안정감도 느낀다.

1 아빠가 양반다리를 하고 앉아 아기를 다리 사이에 앉힌다. 아기의 등을 아빠의 상체에 기대게 하면, 아빠의 몸과 일체감이 생겨 아기가 안정감을 느낀다.

2 양손으로 아기의 겨드랑이 밑을 잡고 아빠의 몸을 좌우로 움직인다.

3 아기가 목을 가눌 수 있다면 앞으로도 움직인다.

4~6개월 마사지 & 몸 놀이

좌충우돌 육아를 하며 백일을 맞이했습니다. 이제는 태어나면서부터 갖고 있던 원시 반사가 대부분 사라지고, 자신의 의지에 따른 행동을 보입니다. 이 시기의 아기는 엄마의 얼굴을 알아보고, 상호작용이 가능합니다. 어른들이 놀아주면 소리 내어 웃기도 하고, 거울 속 자신을 보고 미소 짓기도 합니다. 신체 접촉이 중요한 시기이므로 충분히 안아줘 자신이 사랑받고 있다고 느끼게 하세요.

4~6개월 아기의 발달 특징

이 시기에는 감각기능이나 대소근육이 빠른 속도로 발달해 혼자서 뒤집기, 배밀이, 혼자서 앉기 등을 한다. 4개월이 지나면 앉기가 가능하지만, 빨리 앉히고 싶어 서둘러 일부러 앉히면 척추에 무리가 가므로 주의한다.

- 체중은 태어날 때의 2배가 되고, 키는 10cm 이상 자란다.
- 목을 가눌 수 있고, 자기가 원하는 쪽으로 고개를 돌려 뒤집기를 한다.
- 물체에 초점을 맞출 수 있어 엄마의 얼굴을 알아본다.
- 무엇이든 빨고, 젖니가 나기 시작해 잇몸을 간지러워한다.
- 이유식을 시작하는 시기로 음식물을 삼킬 수 있다.

자주 말을 걸어 교감을 나누세요

엄마 아빠와 본격적인 교감을 나눌 수 있는 시기로, 자꾸 말을 걸어주는 것이 좋다. 거울을 보며 자신의 존재를 느끼게 하고, 물건 숨기기 놀이로 기억력을 길러준다. 전신이 고루 발달하도록 스트레칭이나 팔다리 근육 운동, 몸통 두드리기 등도 해준다.

기저귀 스트레칭2

⭐ 노래 : 자전거 ⭐

작사 목일신 · 작곡 김대현

한창 다리가 발달하는 때인 만큼 배부터 다리까지 꾹꾹 눌러 자극을 준다. 기저귀 스트레칭 1단계보다 마사지 강도가 조금 더 세도 괜찮다.

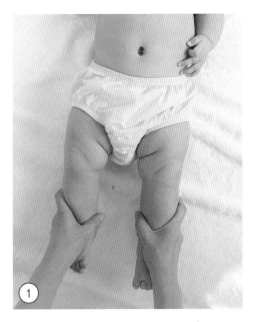

양손으로 아기의 발목을 감싸듯이 잡고 가볍게 탈탈 턴다.

🎵 따르릉 따르릉, 비켜나세요

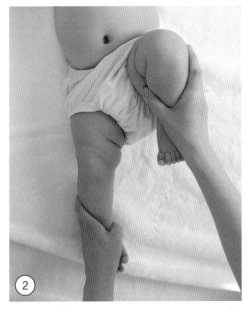

아기의 양다리를 번갈아 배 쪽으로 민다.

🎵 자전거가 나갑니다, 따르르르릉

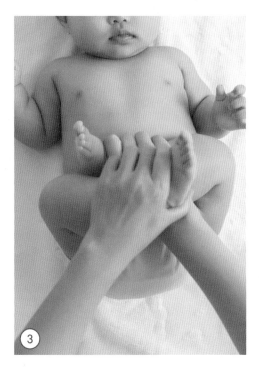

③

아기의 양다리를 교차해 배 쪽으로 2회 누른다.

♫ 저기 가는 저 사람 조심하세요

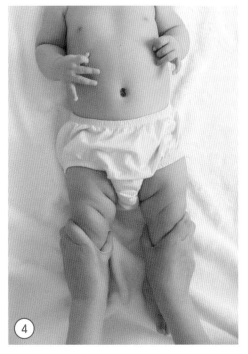

④

양손으로 아기의 넓적다리를 감싸듯이 잡고,
쭉쭉이를 하듯이 누르며 발목까지 내려온다.

♫ 우물쭈물하다가는 큰일납니다

Tip

아빠 다리로 아기의 배를 자주 눌러주면, 아기 배에 찬 가스를 빼는 데 도움이 된다.

팔 마사지

★ 노래 : 반짝반짝 작은 별 ★

작사 미상 · 작곡 모차르트

이 시기의 아기는 한창 뒤집기를 하는데, 팔 근육이 채 발달하지 않은 상태에서 뒤집기를 하면 팔 근육이 눌리기도 한다. 팔 마사지를 꾸준히 해 긴장된 팔을 풀어준다.

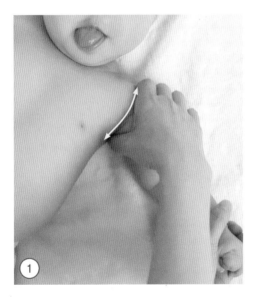

한 손으로 아기의 손을 악수하듯이 잡고, 다른 손으로 C자를 만들어 겨드랑이 부분을 감싸듯이 잡는다. 위아래로 4회 쓸어준다.

♫ 반짝반짝 작은 별

엄지로 아기의 어깨 앞쪽을 나선형으로 문지른다.

♫ 아름답게 비치네

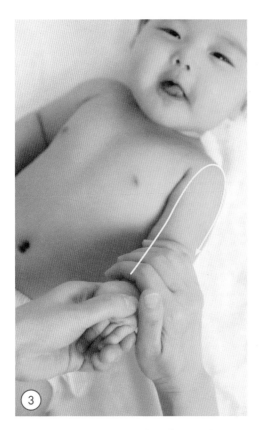

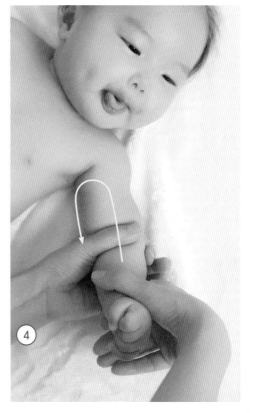

한 손으로 아기의 손을 악수하듯이 잡고, 다른 손으로 손목 바깥쪽을 감싸듯이 잡는다. 어깨 쪽으로 쓸어 올렸다 내리기를 2회 한다.

♬ 동쪽 하늘에서도

한 손으로 아기의 손목 바깥쪽을 잡고, 다른 손으로 손목 안쪽을 감싸듯이 잡는다. 겨드랑이 쪽으로 쓸어 올렸다 내리기를 2회 한다.

♬ 서쪽 하늘에서도

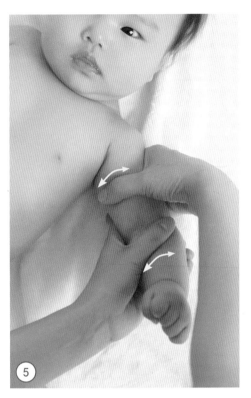

⑤

한 손으로 아기의 팔꿈치 안쪽을 움직이지 않
게 감싸듯이 잡고, 다른 손으로 팔꿈치 위쪽과
아래쪽을 좌우로 부드럽게 2회씩 문지른다.

♫ 반짝반짝 작은 별

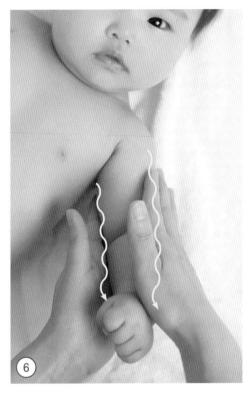

⑥

양손으로 아기의 팔뚝을 가볍게 잡고 털면서
손목까지 2회 내려온다.

♫ 아름답게 비치네

Tip
팔꿈치 관절의 성장판 보호를 위해 부드럽게 마사지한다.

다리 마사지

★ 노래 : 반짝반짝 작은 별 ★

작사 미상 · 작곡 모차르트

움직임이 많아지는 시기다. 넓적다리에서 종아리까지 마사지해주면, 다리 근육에 쌓인 긴장이 풀리고 성장판을 자극해 다리를 곧고 길게 만든다.

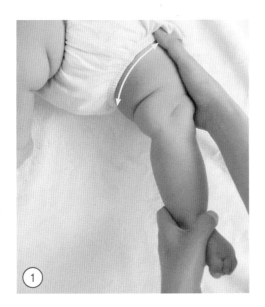

한 손으로 아기의 발목을 악수하듯이 잡고, 다른 손으로 C자를 만들어 서혜부(아랫배와 넓적다리가 만나는 부분)를 감싸듯이 잡는다. 위아래로 4회 쓸어준다. ♫ 반짝반짝 작은 별

엄지로 아기의 서혜부를 나선형으로 문지른다.
♫ 아름답게 비치네

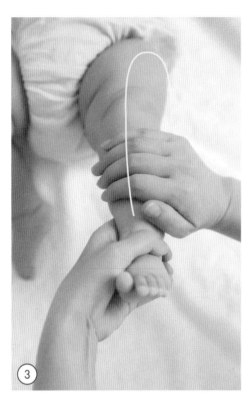

③

한 손으로 아기의 발목을 악수하듯이 잡고,
다른 손으로 발목 바깥쪽을 감싸듯이 잡는다.
넓적다리 쪽으로 쓸어 올렸다 내리기를 2회
한다. ♫ 동쪽 하늘에서도

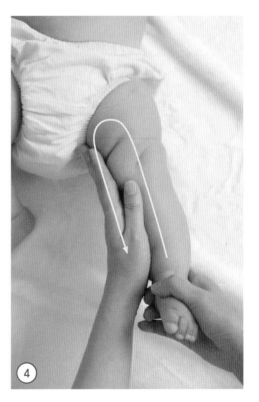

④

한 손으로 아기의 발목 바깥쪽을 잡고, 다른
손으로 발목 안쪽을 감싸듯이 잡는다. 넓적다
리 안쪽까지 쓸어 올렸다 내리기를 2회 한다.
♫ 서쪽 하늘에서도

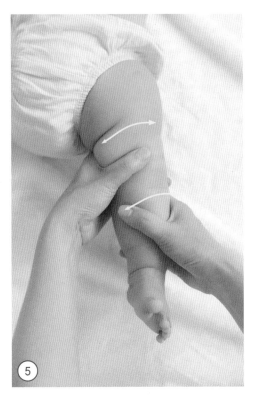

⑤

한 손으로 아기의 무릎 뒤쪽을 움직이지 않게
감싸듯이 잡고, 다른 손으로 넓적다리와 종아
리를 좌우로 부드럽게 2회씩 문지른다.

🎵 반짝반짝 작은 별

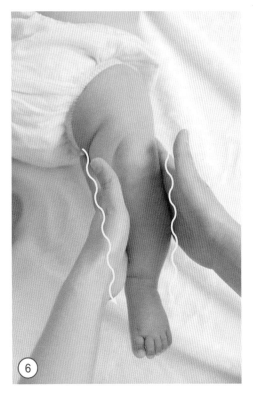

⑥

양손으로 아기의 넓적다리를 가볍게 잡고 털
면서 발목까지 2회 내려온다.

🎵 아름답게 비치네

Tip
아기의 무릎 관절과 성장판 보호를 위해 넓적다리와 종아리를 마사지할 때 무릎을 꺾지 않는다.

**4~6개월
마사지
04**

등·엉덩이 마사지

⭐ 노래 : 여름 냇가 ⭐

작사 이태선·작곡 박재훈

등 마사지와 엉덩이 마사지는 곧고 바른 척추를 만드는 데 도움이 된다. 심리적 불안과 긴장을 푸는 효과가 있어 자기 전에 마사지해주면 아기가 푹 잘 잔다.

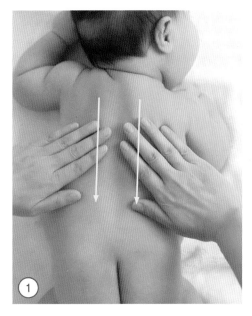

양손을 아기의 등에 가볍게 대고 어깨부터 허리까지 2회 쓸어내린다.

🎵 시냇물은

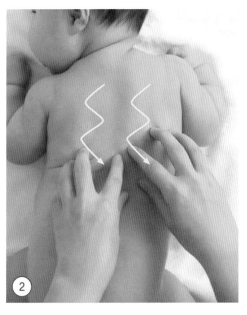

양 손가락을 살짝 세워 아기 어깨부터 허리까지 지그재그로 부드럽게 2회 쓸어내린다.

🎵 졸졸졸졸

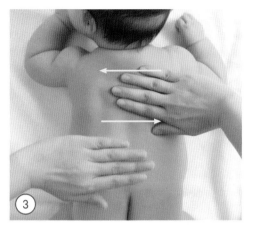

③

아기의 등을 한 손 한 손 가로로 번갈아 문지
르며 허리까지 내려온다.

♬ 고기들은 왔다 갔다

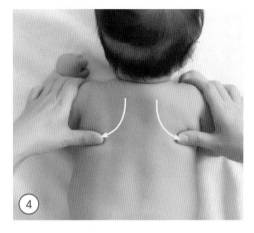

④

양손으로 아기의 어깨를 감싸듯이 잡고, 엄지
로 날개뼈(견갑골)를 부드럽게 2회 쓸어준다.

♬ 버들가지

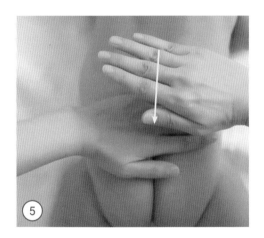

⑤

양 손바닥을 아기의 허리에 가로로 대고 번갈
아 부드럽게 여러 번 쓸어내린다.

♬ 한들한들

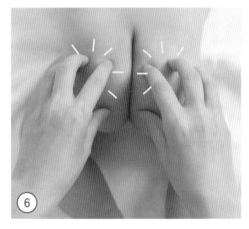

⑥

양 손가락을 살짝 세워 아기 엉덩이를 톡톡 여
러 번 튕긴다.

♬ 꼬꼬리는 꼬꼴꼬꼴

Tip

아기가 엎드린 자세를 힘들어하면 엄마의 무릎이나 넓적다리에 올리고 마사지한다.

오뚝이 놀이

오뚝이 놀이는 균형 잡기, 상체 힘 기르기에 좋은 놀이다. 움직일 때마다 높낮이를 다르게 하고, '영차', '짜잔~' 등의 의성어나 의태어로 소리 자극을 함께 준다. 움직임의 속도를 느리게 또는 빠르게 조절하여 아기 스스로 몸의 중심을 잡는 습관도 길러준다.

아빠가 다리를 쭉 펴고 앉아 아기의 옆구리를 잡고 눈을 맞추며 마주보게 세운다. 아직 스스로 설 수 없으므로 아기를 잡은 손에 적당히 힘을 준다.

아기를 왼쪽으로 기울였다 세우고 오른쪽으로 기울였다 세우기를 몇 차례 반복한다. 기울일 때 아기는 넘어가지 않으려고 몸을 지탱하며 균형을 잡는다.

비행기 놀이

비행기 놀이는 무릎 뒤 성장판을 자극해 다리를 튼튼하게 한다. 아빠 머리 위로 아기를 들어 올리면 아기가 몸, 머리, 다리로 수평을 잡아 평형감각과 균형감각이 발달한다. 아기를 들어 올릴 때 눈을 맞춰 안정감을 주어야 아기가 불안해하지 않고 즐겁게 움직인다. 단, 목을 완전히 가누는 아기에게만 해 줄 수 있는 놀이다.

아빠가 앉아서 두 손을 아기의 겨드랑이에 끼워 마주보게 세운다. 아기를 위로 올렸다가 아래로 살짝 내리기를 3~4회 반복한다. 아기가 좋아하면 '슝~' 소리를 내며 아빠 머리 위로 더 높이 올린다. '떴다 떴다 비행기' 노래를 부르며 놀아주면 아기가 더 좋아한다.

까꿍 놀이 1

까꿍 놀이는 아기의 집중력을 높이고 기억력과 관찰력을 향상시킨다. 까꿍 놀이를 할 때 아기와 눈을 맞추고 아빠가 활짝 웃는 표정을 짓는 것이 좋다.

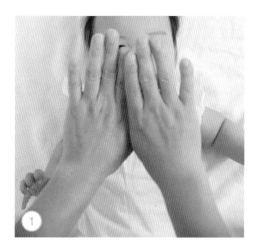

양 손바닥으로 아기의 눈을 15cm 정도 앞에서 가린다. 손바닥을 아기의 눈 바로 앞에 대면 아기가 답답해하고 불안해한다.

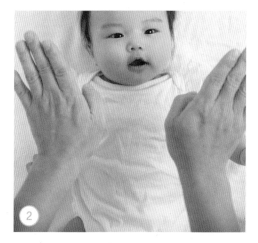

"까꿍" 하며 양손을 양옆으로 벌린다. 손을 벌릴 때 환하게 웃는 표정을 지어주면 아기도 즐거워하며 환하게 따라 웃는다.

발로 차 놀이

발로 차 놀이는 다리와 발의 협응력, 집중력을 키워준다. 먼저 아빠가 손으로 잡아당겨 동작을 반복한 뒤 아기 스스로 할 수 있도록 도와준다. 처음엔 아빠가 아기의 움직임에 일방적으로 맞추게 되지만, 몇 번 하다 보면 아기도 바로 알아채고 아빠와 리듬감 있게 호흡을 맞춘다. 다리를 밀 때 너무 강하게 밀지 않도록 주의한다.

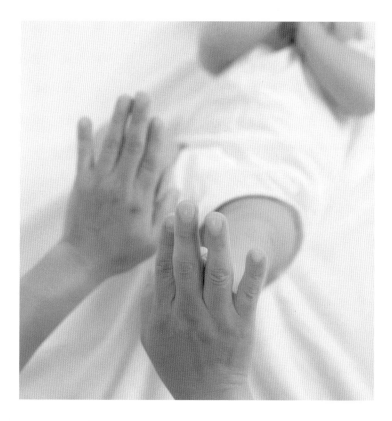

아기를 눕히고 아기의 발바닥에 아빠의 손바닥을 맞댄 뒤, 아기가 발로 차는 동작을 할 때 반사적으로 민다. 아기 발목에 방울을 달고 하면 청각 발달에도 도움이 된다.

7~9개월 마사지 & 몸 놀이

이 시기의 아기는 깨어 있는 시간이 길고 자신의 성향이 뚜렷하게 드러나요. 엄마, 맘마 등 한 단어로 된 말을 하기 시작하면서 의사 표현도 합니다. 기어 다니거나 혼자 앉아 놀고, 잡고 일어설 수도 있어요. 움직임이 커지는 시기이므로 아기가 마음껏 움직이면서 탐색할 수 있는 공간을 만들어주세요.

낯가림도 시작되어 엄마가 없으면 불안해해요. 놀이터에 나가 또래 아이들이나 다른 사람들과 접촉하게 해 사회성을 길러주는 것이 좋습니다.

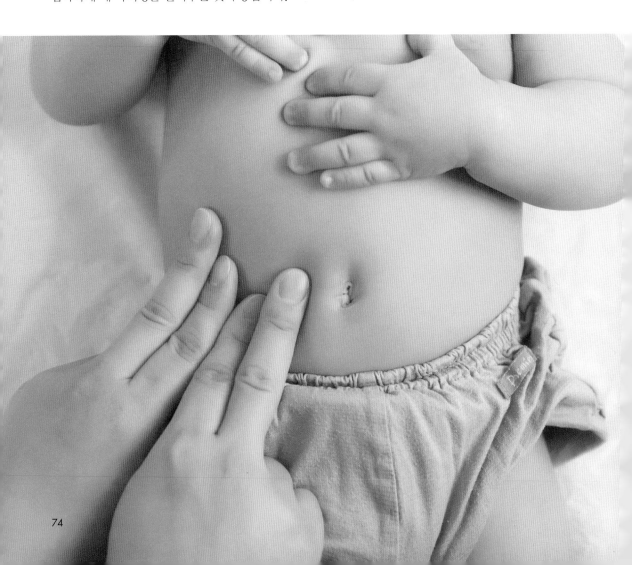

7~9개월 아기의 발달 특징

7~9개월 아기는 다리의 힘이 강해져서 네발로 기어 다니기, 혼자서 앉기, 붙잡고 서기 등 활동 범위가 넓다. 주변 환경이 안전한지 살펴야 한다. 손으로 물건을 잡거나 던지는 것도 좋아한다. 손바닥을 마주치며 짝짜꿍을 하고, 손가락으로 누르기도 가능하다.

- 팔과 다리를 자유롭게 움직여 활동 범위가 넓다.
- 시력이 좋아져서 멀리까지도 분명하게 볼 수 있다.
- 아랫니와 윗니가 2개씩 나온다.
- 간단한 단어를 듣고 말을 따라 하기 시작한다.
- 고기가 들어간 이유식을 먹을 수 있다.

아기가 낯을 가리면 안아주세요

이 시기가 되면 아기는 친숙한 얼굴과 낯선 얼굴을 구분할 수 있고 슬픈 표정, 기쁜 표정 등의 표정도 알게 된다. 사회성이 발달하기 시작한 것인데, 이때 낯가림이나 분리불안 증상을 보이기도 한다. 아기가 낯을 가릴 때 어른이 불안해하면 아기는 더 불안감을 느낀다. 아기의 두려움을 이해하고, 아기가 울면 엄마가 안아줘 진정시킨다.

기저귀 스트레칭 3

★ 노래 : 자전거 ★

작사 **목일신** · 작곡 **김대현**

기저귀 스트레칭 3단계는 아기의 고관절을 강화하며 키 성장에 도움을 준다. 월령이 많아진 만큼 마사지 강도를 조금 높인다.

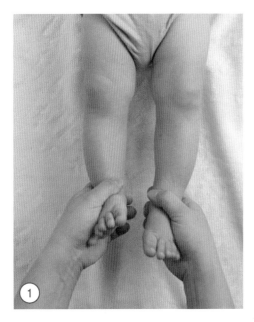

양손으로 아기의 발목을 감싸듯이 잡고 가볍게 탈탈 턴다.

♬ 따르릉 따르릉, 비켜나세요

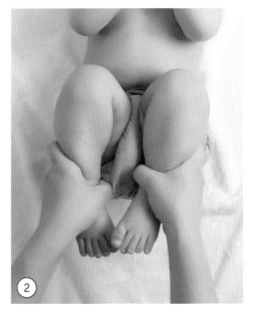

양손으로 아기의 발목을 잡고 무릎을 구부려 모아서 오른쪽으로 2회, 왼쪽으로 2회 돌린다.

♬ 자전거가 나갑니다, 따르르르릉

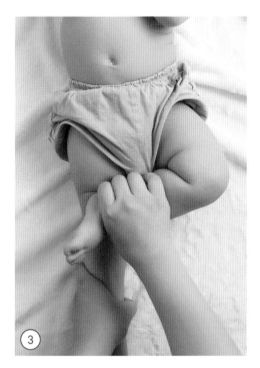

③

아기의 한쪽 다리를 들어 발로 반대편 무릎을
가볍게 톡톡 친다. 반대쪽도 한다.

♬ 저기 가는 저 사람 조심하세요

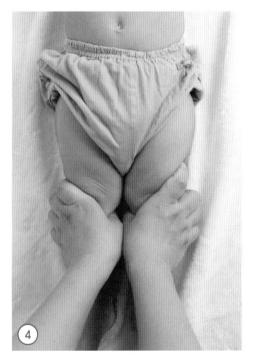

④

양손으로 아기의 넓적다리를 감싸듯이 잡고,
쭉쭉이를 하듯이 누르며 발목까지 내려온다.

♬ 우물쭈물하다가는 큰일납니다

Tip
아기를 엎드려놓고 발꿈치로 엉덩이 차기를 하면, 다리 뒤쪽 근육이 발달하고 히프 업에도 도움이 된다.

장 마사지

⭐ 노래 : 산토끼 ⭐

작사·작곡 이일래

아기가 고기를 먹기 시작하는 시기다. 장 마사지를 해주면 단백질 섭취로 생기는 변비를 예방할 수 있다.

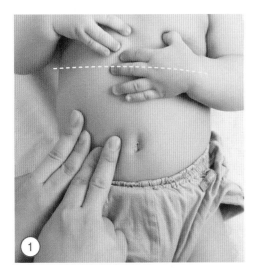

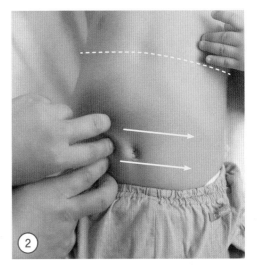

양손 검지와 중지로 아기의 배꼽 왼쪽을 2회, 오른쪽을 2회 꾹꾹 누른다.

🎵 1회 : 산토끼 토끼야
2회 : 깡총깡총 뛰면서

양손 검지와 중지로 아기의 배 오른쪽에서 왼쪽으로 손가락 걷기를 한다.

🎵 1회 : 어디를 가느냐
2회 : 어디를 가느냐

＊방향을 바꿔 ①, ②를 한 번 더 한다.

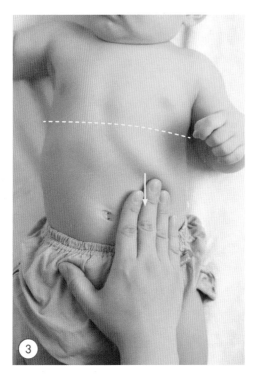

한 손을 아기의 배꼽 왼쪽에 대고 아래로 2회
쓸어준다.

♫ 산 고개 고개를

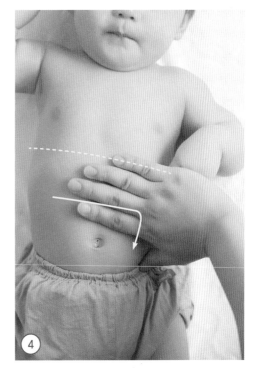

한 손을 아기의 배꼽 위에 가로로 대고 ㄱ을
그리며 2회 쓸어준다.

♫ 나 혼자 넘어서

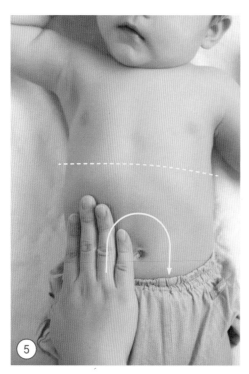

한 손을 아기의 배꼽 오른쪽에 대고 ∩을 그리며 2회 쓸어준다.

♫ 토실토실 알밤을

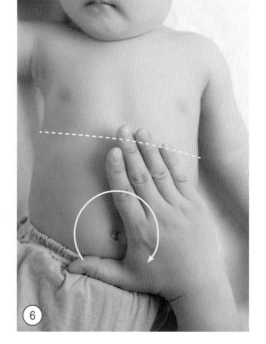

한 손을 아기의 배에 대고 시계방향으로 큰 원을 그리며 2회 문지른다.

♫ 주워서 올 테야

7~9개월
마사지
03

가슴 마사지

★ 노래 : 거미가 줄을 타고 올라갑니다 ★

작사 · 작곡 미상

가슴 마사지는 심폐기능을 강화하고 호흡기 면역력을 높이는 데 도움을 준다. 아기의 연약한 갈비뼈가 다치지 않도록 최대한 힘을 빼고 마사지한다. 아기의 숨소리가 고르지 못할 때 등 마사지와 병행하면 효과를 볼 수 있다.

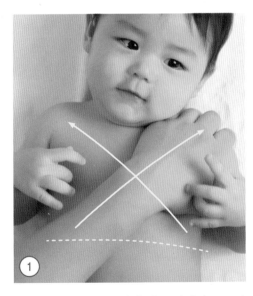

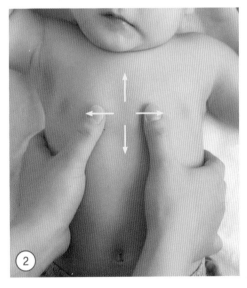

한 손을 아기의 갈비뼈에 대고 대각선으로 어깨까지 2회 쓸어 올린다.

♫ 거미가 줄을 타고 올라갑니다

엄지로 아기의 명치를 상하좌우로 2회씩 가볍게 민다.

♫ 비가 오면 끊어집니다

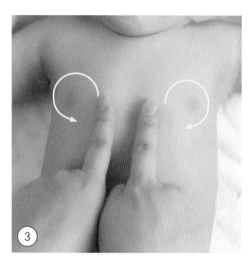

검지로 아기의 젖꼭지 주변을 가볍게 원을 그리며 여러 번 문지른다.

🎵 해님이 방긋 솟아오르면

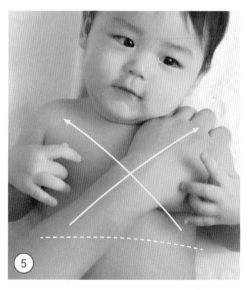

한 손을 아기의 갈비뼈에 대고 대각선으로 어깨까지 2회 쓸어 올린다.

🎵 거미가 줄을 타고 올라갑니다

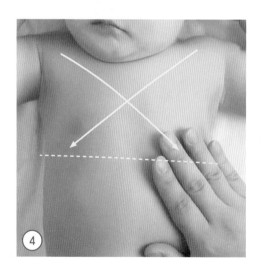

한 손을 아기의 어깨에 대고 대각선으로 갈비뼈까지 2회 쓸어내린다. 손을 바꿔 반대쪽도 한다. 🎵 거미가 줄을 타고 내려갑니다

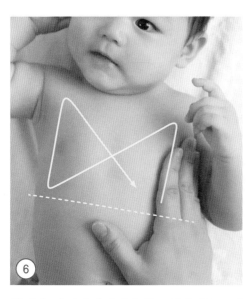

양손을 아기의 가슴에 대고 하트 모양을 그리며 명치까지 2회 쓸어내린다.

♫ 해님이 방긋 솟아오르면

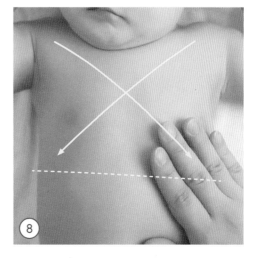

한 손을 아기의 갈비뼈에 대고 일직선으로 어깨까지 쓸어 올려 나비 모양을 2회 그린다.

♫ 비가 오면 끊어집니다

한 손을 아기의 어깨에 대고 대각선으로 갈비뼈까지 2회 쓸어내린다. 손을 바꿔 반대쪽도 한다. ♫ 거미가 줄을 타고 내려갑니다

Tip
가슴 마사지와 배 마사지는 가슴과 배를 구분해 정확한 자리를 마사지하는 것이 중요하다.

등 마사지

⭐ 노래 : 악어 떼 ⭐

작사·작곡 이요섭

이 시기의 아기는 낯가림을 한다. 등 마사지는 아기의 예민한 신경을 풀어준다. 평소에도 옷을 입은 채로 놀이처럼 해 줄 수 있다.

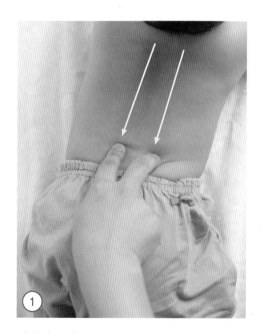

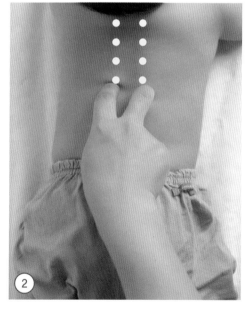

검지와 중지로 V 모양을 만들어 아기의 목부터 꼬리뼈까지 기립근을 2회 쓸어내린다.

🎵 정글숲을 지나서 가자

검지와 중지로 V 모양을 만들어 아기의 목부터 꼬리뼈까지 기립근을 꾹꾹 누르며 내려온다.

🎵 엉금엉금 기어서 가자

③

손을 모아 손끝으로 아기의 등 전체를 꾹꾹
누르며 옮겨간다.

♬ 늪지대가 나타나면

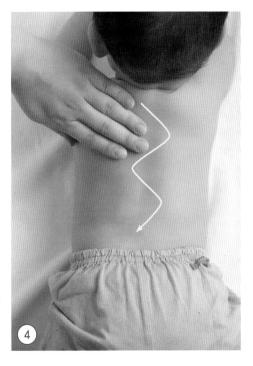

④

손을 아기의 등에 대고 어깨에서 허리까지 지
그재그로 쓸어내린다. "악어 떼!" 할 때 입방
귀, 간지럼, 안아 올리기 등 아기가 좋아할 만
한 다양한 표정과 동작을 취한다.

♬ 악어 떼가 나올라, 악어 떼!

Tip
등 마사지는 특히 잠투정이 심하고 자주 깨는 아기에게 효과가 있다.

엉금엉금 놀이

거북이가 엉금엉금 기어가는 모습을 변형한 놀이다. 좌우 뇌의 균형 있는 발달을 돕고 방향감각도 길러준다. 이불이나 쿠션, 베개 등을 조금 높이 쌓아두고 기어 올라가게 하는 방법으로 놀이를 바꿔도 된다.

기어가는 아기를 따라 아빠도 같은 자세로 앞서거니 뒤서거니 놀아준다. 속도감을 조절하고 사방으로 움직여 방향감각을 길러준다. 아기가 기려고 하지 않을 때는 강요하지 않는다. 배로 밀어 움직이게 해도 된다.

전통놀이

도리도리, 잼잼, 곤지곤지, 짝짜꿍 등의 전통놀이는 특별한 장난감 없이도 아기의 소근육을 발달시키는 좋은 놀이다. 도리도리는 목의 힘을 길러주며, 잼잼, 곤지곤지, 짝짜꿍은 손과 눈의 협응력을 길러주고 아기에게 성취감을 갖게 한다.

아빠가 아기랑 마주 앉아 먼저 동작을 하고 아기가 따라 하게 한다. 아기가 따라 하지 않고 보기만 해도 상관없다. 어느 순간 반복적으로 본 것을 따라 한다.

까꿍 놀이 2

아기는 엄마 아빠의 얼굴이 사라졌다 다시 나타나는 까꿍 놀이를 반복적으로 경험하면서 부모가 잠시 사라져도 언제든 다시 나타난다는 사실을 알게 된다. 이렇게 눈에 보이지 않아도 없어지지 않고 존재한다는 것을 아는 개념을 대상 영속성이라고 하는데, 생후 6개월 이후에 이 개념이 확립된다. 따라서 이 시기에 까꿍 놀이를 하면 안정적인 애착 관계를 형성하는 데 도움이 된다.

아기를 마주 앉혀놓고 손수건으로 아기의 얼굴을 가린 뒤 "까꿍" 하며 손수건을 걷어낸다. 아기는 어느새 눈에 보이지 않아도 존재한다는 것을 알아 까르르 웃으며 가린 것을 치운다. 놀이를 처음 할 때 살짝 비치는 스카프로 가리면 아기가 불안해하지 않는다.

10~12개월 마사지 & 몸 놀이

10개월이 지나면 목도 못 가누던 아기가 스스로 일어나 걷기 시작해요. 이유식 완료기로 다양한 영양소를 섭취해 몸도 쑥쑥 자랍니다. 무엇보다 이 시기의 가장 큰 특징은 정신적 정서적 발달이 급속하게 진행된다는 거예요. 응석을 피우고, 떼쓰기가 부쩍 늘어나고, 자기주장이 생깁니다. 낯가림도 다시 시작되고 불안 증상이 나타나기도 해서 엄마 아빠의 세심한 보살핌이 필요합니다.

10~12개월 아기의 발달 특징

돌 무렵이 되면 체중은 출생 시의 3배로 늘고, 키는 1.5배 큰다. 빠른 경우는 일어서서 잡고 걷기 시작해 돌 때 뛰어다니기도 한다. 소파나 테이블에 기어오르는 등 운동량이 늘어나면서 사고의 위험성도 커지므로 한시도 아기에게서 눈을 뗄 수 없는 시기이다.

- 엄지와 검지로 작은 물체를 잡을 수 있다.
- 말의 의미를 알고 '주세요', '감사합니다' 등의 어른 말소리를 흉내 낼 수 있다.
- 시력이 0.4~0.5 정도로 좋아진다.
- 핑거 칫솔로 치아 관리를 시작해야 한다.
- 씹는 능력과 소화기능이 발달하는 시기이다.

오감을 자극하는 다양한 놀이를 해요

다양한 목소리로 흉내 내기를 하거나 전화 놀이, 보물찾기 등을 할 수 있다. 모래나 쌀을 이용한 감각 놀이, 간단한 퍼즐 놀이도 가능하다. 바퀴 달린 장난감을 끌 수 있고 간단한 쓰기 도구를 사용할 수 있으므로 다양한 몸 놀이를 시도해보는 것이 좋다.

기저귀 스트레칭 4

⭐ 노래 : 자전거 ⭐

작사 목일신 · 작곡 김대현

이 시기의 아기들은 누워 있기를 좋아하지 않아 기저귀를 갈 때도 자꾸 움직인다. 기저귀 스트레칭을 꾸준히 해주면, 스트레칭도 되고 기저귀 가는 자세도 편안해진다.

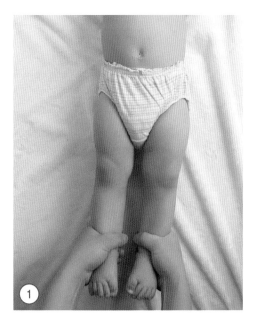

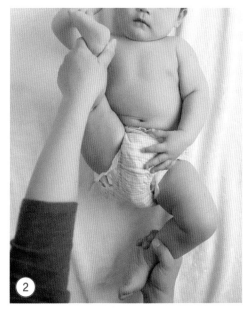

양손으로 아기의 발목을 감싸듯이 잡고 가볍게 탈탈 턴다.

🎵 따르릉 따르릉, 비켜나세요

아기의 양쪽 발목을 가볍게 잡고 한쪽 다리씩 귀 쪽으로 번갈아 올린다.

🎵 자전거가 나갑니다, 따르르르릉

아기의 양쪽 발목을 가볍게 잡고 한쪽 다리씩
높이 들어 반대쪽 바닥으로 천천히 내린다.

♬ 저기 가는 저 사람 조심하세요

양손으로 아기의 넓적다리를 감싸듯이 잡고,
쭉쭉이를 하듯이 누르며 발목까지 내려온다.

♬ 우물쭈물하다가는 큰일납니다

Tip
기저귀 스트레칭은 아기의 림프순환을 원활하게 한다.

10~12개월 마사지 02

얼굴 마사지

★ 노래 : 사과 같은 내 얼굴 ★

작사 김방옥 · 작곡 미상

아기 얼굴의 오감을 자극해 뇌 발달을 돕고 정서를 안정시킨다. 누워 있기 싫어하는 아기는 마주 앉혀놓고 마사지해도 된다.

양손 엄지로 아기의 이마를 위와 양옆으로 2회씩 쓸어준다.

♬ 사과 같은 내 얼굴 예쁘기도 하지요

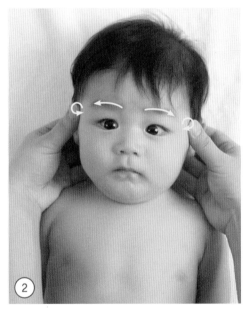

양손 엄지로 아기의 눈썹을 지나 눈 옆 관자놀이(태양혈)를 문지른다.

♬ 눈도 반짝

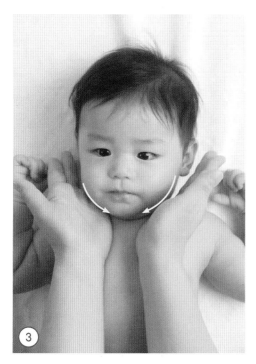

양 손바닥으로 아기의 턱을 쓸어내린다.

♬ 코도 반짝

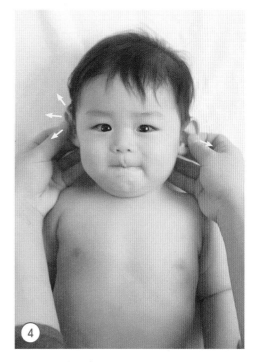

양손으로 아기의 귓바퀴를 바깥쪽으로 살살
당기고 앞뒤로 접는다.

♬ 입도 반짝반짝

Tip

턱, 귀 등 마사지하는 부위에 맞춰 가사를 바꿔 불러도 좋다. 신생아 얼굴 마사지를 함께 해주면 효과가 더 크다.

팔 · 손 마사지

⭐ 노래 : 둥글게 둥글게 ⭐

작사 · 작곡 이수인

아기의 소근육 발달과 혈액순환에 도움이 된다. 아기가 누워 있기 싫어하면 마주 앉혀놓고 마사지해도 된다.

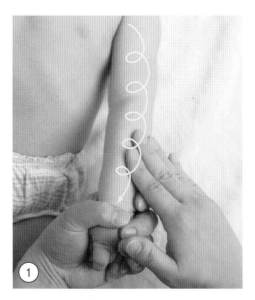

한 손으로 아기의 손을 악수하듯이 잡고, 다른 손으로 어깨부터 손목까지 나선형을 그리며 2회 내려온다.

🎵 둥글게 둥글게, 둥글게 둥글게

한 손으로 아기의 손가락을 가볍게 잡고, 다른 손 엄지로 손목에 나선형을 그리며 2회 문지른다.

🎵 빙글빙글 돌아가며 춤을 춥시다

③

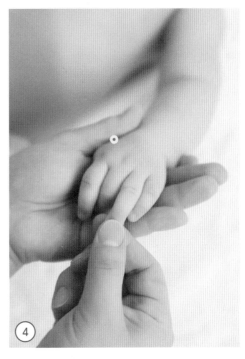

④

한 손으로 아기의 손목을 가볍게 받치고, 다른 손 엄지와 검지로 손목에서 손가락 사이까지 쓸어내린다.

♫ 손뼉을 치면서 노래를 부르며

한 손으로 아기의 손목을 가볍게 받치고, 다른 손 엄지와 검지로 다섯 손가락의 손톱을 차례로 지그시 누른 뒤 합곡(　)을 꾹 누른다.

♫ 랄라랄라 즐거웁게 춤추자

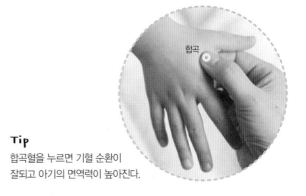

합곡

Tip
합곡혈을 누르면 기혈 순환이
잘되고 아기의 면역력이 높아진다.

다리·발 마사지

⭐ 노래 : 둥글게 둥글게 ⭐

이 시기에는 아기가 걷기 시작하면서 다리의 대근육이 발달한다. 다리 마사지는 다리 근육의 긴장을 풀어 곧고 예쁜 다리로 만들어준다.

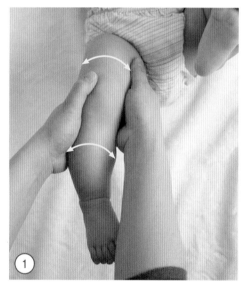

한 손으로 아기의 무릎 뒤쪽을 움직이지 않게 감싸듯이 잡고, 다른 손으로 넓적다리와 종아리를 좌우로 부드럽게 2회씩 문지른다.

🎵 둥글게 둥글게, 둥글게 둥글게

한 손으로 아기의 종아리를 감싸듯이 잡는다. 다른 손으로 발목 앞쪽을 나선형으로 문지른 뒤, 아킬레스건(발목 뒤쪽의 오목한 부분)을 엄지와 검지로 지그시 2회 집는다.

🎵 빙글빙글 돌아가며 춤을 춥시다

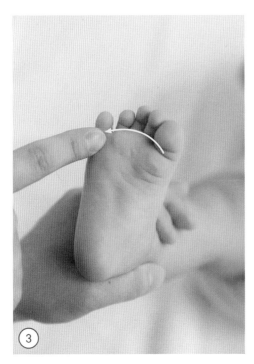

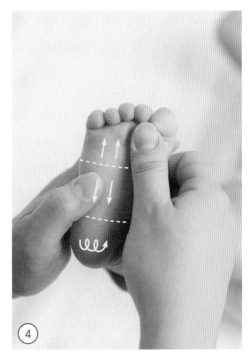

③

④

검지로 아기의 발바닥과 발가락 사이의 골을
바깥쪽으로 4회 쓸어준다.

♬ 손뼉을 치면서 노래를 부르며

양손 엄지로 아기의 발바닥을 화살표 방향으
로 쓸어주고, 원을 그리듯이 문지른다.

♬ 랄라랄라 즐거웁게 춤추자

호흡기

소화기

생식기

Tip
발바닥을 3등분해 발가락 쪽 부분은
호흡기, 가운데 부분은 소화기, 발꿈치
부분은 생식기와 관련이 있다.

동작 그만! 놀이

아기가 걷기 시작하는 이 시기에는 팔다리 근육 강화가 중요하다. 아빠와 함께 동작 그만! 놀이를 하면 아기의 다리 힘이 강해지고 척추도 튼튼해진다. 특히 균형 잡기 연습이 된다.

아빠가 한 손으로 아기를 감싸 안고 다른 손으로 아기의 발바닥을 받친 뒤 아기를 위아래로 움직인다. 아기의 얼굴을 살피며 무서워하지 않도록 높이를 조절한다.

10~12개월
몸 놀이
02

발 어부바 놀이

아기의 평형감각과 팔 근육을 키워주고 팔을 자연스럽게 이완시킨다. 아기와 아빠의 발이 겹쳐져 한 몸이 되듯 마음도 하나가 되어 즐겁게 교감을 나눌 수 있다. 처음엔 제자리에서 걷다가 아기가 균형을 잘 잡고 힘을 줄 수 있으면 방 안 곳곳으로 걸어 다닌다.

아빠의 발등 위에 아기의 발을 올려놓고 마주 세운 뒤, "하나, 둘, 하나, 둘" 또는 "오른발, 왼발" 하며 걷는다. 익숙해지면 아기의 두 팔을 벌려 나비처럼 훨훨 날갯짓을 해준다.

등산 놀이

아빠가 산이 되고 아기는 열심히 산을 올라가는 놀이다. 아기의 관절을 튼튼하게 하고 심폐기
능을 강화한다.

아빠가 앉아서 아기의 손 또는
손목을 잡고, 아기가 아빠의 배
에서 가슴, 어깨로 한 발 한 발
올라가게 한다. 목까지 올라오
면 "야호" 하고 외치며 목마를
태운다. 아기는 산을 오르듯이
아빠 몸을 한 발 한 발 오르면서
시야가 넓어지고 성취감을 갖게
된다.

아빠와 함께 하는 몸 놀이, 이렇게 하면 좋아요

★ 목소리를 조금만 활기차게 높여보세요

보통 아빠의 목소리는 낮다. 아기에게 자극을 주는 몸 놀이를 할 때만큼은 목소리를 조금 높인다. 아기가 아빠의 목소리에 더 귀 기울이게 되고, 아기의 텐션도 올라간다.

★ 아기에게 어떤 놀이를 하는지 설명하는 것이 좋아요

아기가 아직 말귀를 알아듣지 못하더라도 놀이를 하기 전에 "오늘은 아빠랑 ○○ 놀이를 해보자" 라고 설명한다. 중요한 단어는 또박또박 말해 강조하는 것도 좋다.

★ 멍멍이, 맘마, 응가 같은 아기 언어를 사용하세요

몸 놀이를 하며 아기에게 말을 걸 때는 어른의 언어를 쓰기보다 아기가 친숙한 아기 언어를 쓰는 것이 좋다.

★ 시선을 맞추고 확실한 애정 표현을 하세요

놀이에 신경 쓰느라 아기와 눈을 맞추고 교감하는 것을 잊으면 안 된다. 놀이를 하기 전에 아기와 눈을 맞추고 대화를 나누고, 놀이가 끝나면 꼭 안아준다. 아빠가 애정 표현을 확실히 하면 아기도 아빠와의 관계에서 훨씬 더 큰 안정감을 느낀다.

첫 돌 이후 마사지 & 몸 놀이

첫 돌 이후 아기들은 신체활동이 왕성해집니다. 기어 다닐 때와는 비교할 수 없이 활동 공간이 확대되죠. 시야도 넓어지고, 왕성한 호기심을 적극적으로 표현합니다. 실내에만 있기보다 바깥 놀이를 통해 다양한 사물을 경험시키고, 안전 교육에 특히 신경 쓰세요. 자신의 의사를 표현하기 시작하는 때이니 아기의 의사 표현에 귀 기울이는 세심한 자세가 필요합니다.

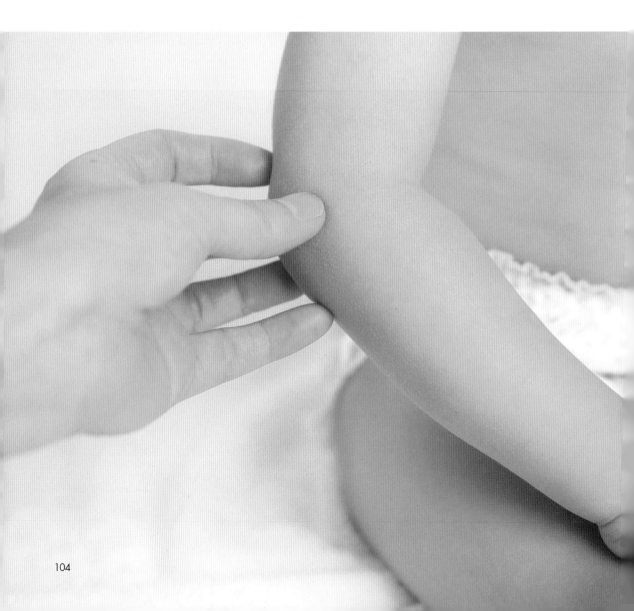

첫 돌 이후 아기의 발달 특징

13개월이 되면 혼자 걷는 것은 물론이고, 손가락 근육이 많이 발달해 밥을 주면 다섯 손가락을 다 사용해 집어 먹고 핥아먹기도 한다. 크레파스나 색연필을 쥐어주면 끄적거리고, 장난감을 가지고 놀 줄 알며, 노래를 들으면 춤을 추고 동작을 따라 한다. 어른이 하는 행동을 그대로 따라 하기 시작하니 생활 습관과 규칙을 배울 수 있게 한다.

- 혼자 걸을 수 있다. 손과 무릎을 이용해 계단을 오르기도 한다.
- 포크나 숟가락을 스스로 사용할 수 있다.
- 계속 움직이며 주변을 탐색한다.
- 말을 하고 다른 사람의 말귀를 알아듣기 시작한다.
- "안 해", "싫어" 하는 등 자기주장이 강해지고 반항을 하기도 한다.

수면 습관을 들여주세요

아기가 푹 자야 하루를 즐겁게 보낼 수 있고 성장에도 좋다. 이 시기에 수면 습관을 잘 들여야 한다. 목욕, 수유, 재우기를 매일 똑같은 순서로 반복한다. 자기 전에 일정한 패턴이 반복되면 아기도 수유 후 곧 자야 한다는 생각으로 준비에 들어간다. 너무 조용한 환경에서 재우면 조금만 소리가 나도 깨기 쉬우니, 적당한 백색소음 속에서 잠드는 습관을 들이는 것이 좋다.

전신 성장 마사지

⭐ **노래 : 그대로 멈춰라** ⭐

작사·작곡 김방옥

이 시기의 아기에게 가장 큰 변화는 걸음마다. 걷기 시작하면 온몸의 근육을 다 쓰게 되므로 전신 성장 마사지 위주로 해주는 것이 좋다. 전신 성장 마사지는 귀 마사지부터 시작한다. 귀에는 반사구가 있어 발바닥이나 손바닥처럼 온몸과 내장기관 구석구석을 다스리는 효과가 있다.

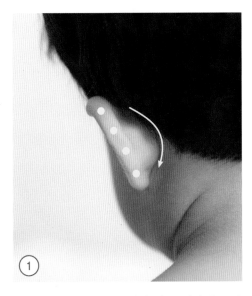

① 양손 엄지와 검지로 아기의 양쪽 귓바퀴를 가볍게 누른 뒤, 검지로 귀 뒤쪽을 2회 쓸어준다.

🎵 즐겁게 춤을 추다가

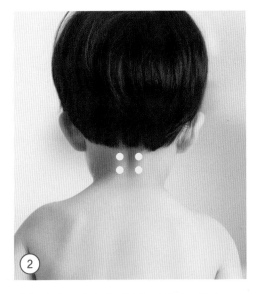

② 양손 검지로 아기의 뒷목을 가볍게 누른다.

🎵 그대로 멈춰라

양 손가락으로 아기의 기립근을 피아노 치듯 누르며 꼬리뼈까지 내려간 뒤 기립근을 쓸어 내린다.

♬ 즐겁게 춤을 추다가 그대로 멈춰라

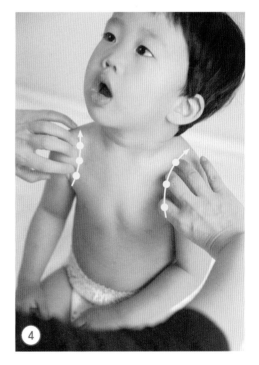

양 손가락으로 아기의 어깨를 피아노 치듯 가볍게 누른 뒤 엄지로 2회 쓸어 올린다.

♬ 눈도 감지 말고 웃지도 말고

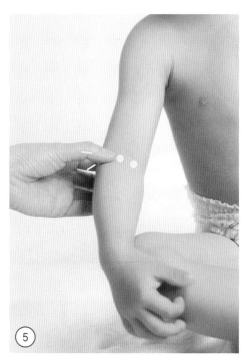

양손 엄지로 아기의 팔꿈치 안쪽을 가볍게 누른 뒤 손가락으로 팔꿈치를 2회 튕긴다.

♬ 울지도 말고 움직이지 마

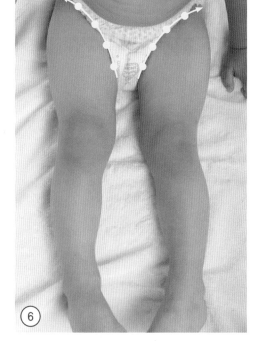

양 손가락으로 아기의 서혜부를 피아노 치듯 가볍게 누른 뒤 엄지로 2회 쓸어 올린다.

♬ 즐겁게 춤을 추다가

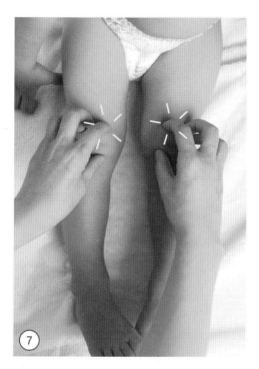

⑦

양 손가락으로 아기의 무릎을 가볍게 여러 번
튕긴다.

♫ 그대로 멈춰라

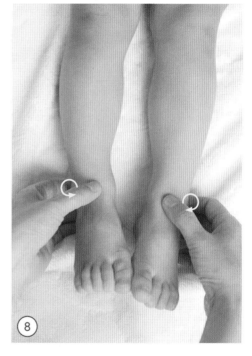

⑧

양손 엄지로 아기의 발목을 가볍게 누른 뒤
복숭아뼈를 돌리며 2회 문지른다.

♫ 즐겁게 춤을 추다가 그대로 멈춰라

Tip
아기의 관절에는 성장판이 있다. 무릎, 어깨, 팔꿈치 등을 만질 때 강한 자극을 피하고 부드럽게 만져 성장판이 다치지 않게 한다.

떼굴떼굴 공 굴려 잡기

공 굴리기를 하면 아기는 공을 쳐다보며 집중하고 팔을 뻗어 잡으려고 한다. 집중력이 높아지고 손 근육이 발달한다. 부드러운 재질의 공을 굴림으로써 손의 감각도 키울 수 있다.

말랑말랑하고 부드러운 유아용 공을 준비한다. 아기와 간격을 두고 마주 앉아 아빠가 먼저 아기에게 공을 굴려주고, 아기도 아빠한테 굴리게 한다.

후~ 불기

아기의 인지력을 키우고 오감을 발달시키는 놀이다. 처음에는 빨대를 이용해 바람을 느끼게 하는 불기 놀이로 시작해, 점점 소리 나는 악기를 불게 한다. 폐호흡 강화와 청각 발달을 돕는다.

빨대로 아기의 머리, 귀, 얼굴, 겨드랑이, 손 등에 '후~' 하고 바람을 분다. 이때 여러 가지 빨대를 사용하고 바람의 세기를 달리한다. 아기도 '후~' 하고 숨을 내뱉게 하고, 아빠는 몸으로 과장되게 표현해 아기를 신나게 한다.

보이는 숨바꼭질

꼭꼭 숨은 사람을 술래가 찾는 정식 숨바꼭질과 달리 아기와 할 수 있는 숨바꼭질이다. 아기의
관찰력과 판단력을 키우고 분리불안을 없애는 데 도움이 된다.

아빠의 신체 일부를 아기가 볼 수 있게 소파나 가구 옆에 숨은 뒤, 아기의 이름을 부르며 "○○야, 아빠 찾아봐라" 하고 외
친다. 아기와 눈도 살짝 마주쳐 찾으러 오게 유도한다.

Part 3

두 돌 이후

원 포인트 마사지
& 몸 놀이

성장혈 자극 마사지와
몸 놀이가 좋은 이유

성장혈을 자극하면 성장호르몬이 분비돼요

아기 마사지를 꾸준히 해왔다면 두 돌 이후, 세 돌 이후에도 계속하는 게 좋아요. 엄마 손길의 편안함을 아는 아이는 먼저 다가와 마사지를 해 달라고도 해요. 하지만 많이 커서 가만히 누워 마사지 받는 것을 싫어하거나 답답해하는 아이도 있어요. 그런 아이는 혈자리를 누르는 것으로 마사지 과정을 대신할 수 있습니다.

아이의 몸속에 숨은 성장혈을 자극하면 성장호르몬이 더 원활하게 분비돼요. 지압과 마사지를 하면서 엄마와 아이가 자연스럽게 스킨십을 하게 되어 친밀감이 깊어지는 것은 물론, 아이의 성장을 돕고 정서적으로 안정감을 줍니다.

평소 혈자리 마사지로 건강을 돌볼 수 있어요

혈자리는 동양의학에서 침이나 뜸을 놓거나 지압으로 자극해 건강에 도움을 주는 신체 부위를 말해요. 일반적으로 신경 말단이나 혈관이 많이 지나가는 곳인데, 손과 발의 혈자리가 대표적입니다. 온몸의 혈자리를 알맞게 자극하면 아픈 증상이 개선돼요. 아이들에게 흔히 생기는 생활 질병을 예방하고 통증을 줄이는 혈자리 마사지를 알아두면 평소 아이의 건강을 돌봐줄 수 있어요.

몸 놀이를 통해 신체조절력, 자기조절력이 생겨요

아이가 잘 걷고 혼자 활동할 수 있는 만 2세부터는 엄마 아빠와의 접촉이 자연스럽게 줄어들어요. 특히 스마트폰, TV 등에 노출되기 시작하면서 시각과 청각 등 일부 감각만 사용하게 되지요. 이런 시기일수록 다양한 감각을 사용하는 몸 놀이가 더 필요합니다. 몸 놀이를 하면 피부를 통해 감각이 뇌에 전달되어 뇌가 활성화되고 자신과 상대방의 감정과 정서를 이해하게 되면서 신체조절력과 자기조절력이 생깁니다.

단계별 몸 놀이로 성장발달을 도와요

아이의 연령과 성장발달 수준에 따라 필요한 몸 놀이가 달라요. 예를 들어, 아이가 만 2세가 되면 뭐든지 스스로 하겠다고 고집을 부려요. 아이가 주도적으로 놀이를 정하고 규칙도 지킬 수 있게 도와줘야 해요. 만 3세가 되면 지기 싫어하고 공격성을 발산하기도 합니다. 그렇다고 무조건 져주는 것은 좋지 않아요. 아이의 눈높이에 맞춰 놀아주되, 규칙을 잘 지키게 하고 패배에 승복할 줄 아는 법도 가르치세요. 만 4세부터는 협동의 중요성, 함께 노는 즐거움을 본격적으로 알게 돼요. 여럿이 협동하는 놀이를 시도해보세요. 단계에 따라 알맞은 몸 놀이를 꾸준히 해주면 성장발달에 도움이 됩니다.

아이마다 발달 속도가 달라요

아이마다 키나 체격 같은 신체 조건과 체질, 식성 등이 다르기 때문에 월령, 연령이 같아도 아이의 발달 과정은 차이가 난다. 같은 나이라고 같은 놀이를 할 게 아니라 아이의 발달 단계나 심신 상태를 고려해 알맞은 몸 놀이를 해야 한다. 내 아이의 발달 상태를 알고, 그에 맞는 놀이를 준비한다.

키 쑥쑥! 몸 튼튼! 우리 아이 성장혈

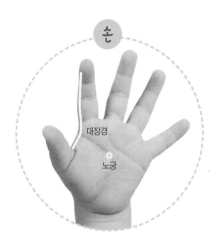

● 대장경

검지 손톱 뿌리 부분부터 엄지와 검지가 갈라지는 곳까지의 옆면. 검지 끝에서 손가락이 갈라지는 곳까지 밀듯이 마사지하면 몸의 열독을 없앨 수 있다.

● 노궁

주먹을 쥘 때 중지가 닿는 곳. 이곳을 자극하면 심신을 안정시키는 효과가 있다. 아이가 놀랐을 때 이곳을 누르면 안정감을 줄 수 있다.

● 용천

발바닥을 오므렸을 때 발바닥 가운데 오목하게 들어간 곳. 모든 기가 샘솟는 자리로, 이곳을 자극하면 혈액순환을 촉진하고 면역력을 기르는 데 도움이 된다.

● 족궁

용천과 발꿈치의 중간 부분. 소화 흡수가 잘 안 되거나 설사와 복통이 있을 때 지압하면 효과를 볼 수 있다.

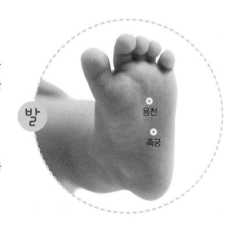

얼굴

● 인당

양미간 정가운데. 제3의 눈이라고 불리는 이곳을 지
그시 누르면 비염, 두통, 눈병 등이 개선된다.

● 태양

눈썹 양끝 바깥쪽 관자놀이. 이곳을 꾹 누르면 성장
기 아이들의 시력 향상과 소아 두통 해소에 도움이
된다.

● 영향

콧방울 양옆 움푹 들어간 곳으로 향기를 맡는다는
뜻의 혈자리다. 콧물, 코막힘 증상이 많은 아이의 경
우 자주 마사지해주면 좋다.

● 지창

입술 양끝 바로 위. 입술을 위로 끌어올린다고 생각
하며 누른다. 입꼬리가 올라가고, 피부 탄력도 좋아
진다.

● 승장

아랫입술 밑 오목하게 들어간 곳. 이곳을 누르면 침
이 많이 분비된다. 아이가 목말라 할 때 꾹 누르면
도움이 된다.

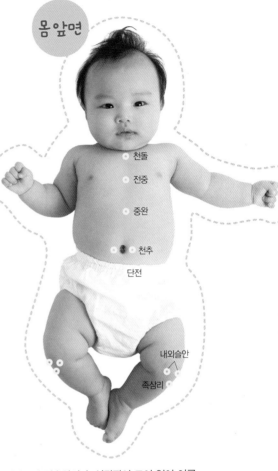

몸앞면

천돌
전중
중완
천추
단전
내외슬안
족삼리

● 천돌

흉골 바로 위 움푹 파인 곳. 숨이 드나드는 출입구 역할을 해 폐 기능과 밀접한 관계가 있다. 이곳을 누르면 기침, 천식, 기관지염 해소에 도움이 된다.

● 전중

양 젖꼭지 사이 정가운데. 폐, 심장에 질환이 있는 경우 누르면 좋다. 기관지가 튼튼해지고 순환이 원활해진다.

● 중완

배꼽과 명치의 중간 부분. 위장이 있는 곳으로, 이곳을 자극하면 위장의 운동을 촉진해 구토나 소화불량에 효과가 있다.

● 천추

배꼽에서 좌우로 1~2cm 떨어진 곳. 대장의 기가 모이는 곳으로, 이곳을 자극하면 배변 기능이 좋아지고 장내 염증을 예방하는 효과가 있다.

● 단전

배꼽에서 아래로 3~5cm 내려간 곳. 몸의 원기를 보호하는 혈자리다.

● 내외슬안

무릎뼈 바로 아래 양쪽으로 움푹 들어간 곳으로 안쪽이 내슬안, 바깥쪽이 외슬안이다. 성장판이 모여 있어 이곳을 자극하면 다리가 길어지고 무릎 주위의 기혈 순환이 원활해져 무릎과 하체의 힘이 강해진다. 양 엄지로 내슬안과 외슬안을 동시에 지그시 누르고 원을 그리듯이 문지른다.

● 족삼리

외슬안에서 아래로 5cm 정도 내려간 곳. 종아리뼈와 정강이뼈의 위쪽 성장판이 이곳에 있다.

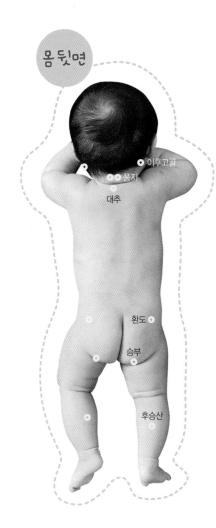

몸 뒷면

이후고골

풍지

대추

환도

승부

후승산

● 이후고골

양쪽 귓불 뒤 목과 머리가 만나는 부분의 움푹 들어간 곳. 이곳을 누르면 진정 효과가 있어 숙면에 도움이 된다. 머리를 맑게 하는 효과도 있다.

● 풍지

목 뒤 가운데에서 양옆으로 1.5cm 정도 떨어진 오목한 곳. 이곳을 엄지와 검지로 누르면 머리와 목덜미가 시원해지고 감기로 막힌 코가 뚫린다.

● 대추

고개를 앞으로 숙였을 때 가장 많이 튀어나오는 목뼈의 바로 아랫부분. 이곳을 자극하면 호흡기질환의 예방과 관리에 도움이 된다.

● 환도

꼬리뼈에서 고관절 바깥쪽으로 2/3 정도 나간 오목한 부분. 이곳을 자극하면 허리의 힘이 좋아져 허리가 꼿꼿해진다. 다리와도 이어지기 때문에 하체의 힘을 기르고 다리를 곧게 만들 수 있다.

● 승부

엉덩이와 다리가 만나는 곳으로 엉덩이 아래쪽 접히는 부분의 가운데이다. 주위에 넓적다리뼈의 성장판이 있어, 이곳을 자극하면 넓적다리뼈의 성장에 도움이 된다.

● 후승산

종아리 가운데 볼록한 부분. 이 부분을 누르면 종아리 근육의 긴장이 풀려 다리가 예뻐진다.

잇몸 마사지

아이가 이가 나기 시작하면 충치가 생기지 않게 잘 관리해야 한다. 평소 잇몸 마사지를 꾸준히 해주면 이가 고르게 나고 혈액순환이 잘되어 잇몸이 튼튼해진다.

아이의 승장(아랫입술 밑 오목한 곳)을 지그시 누른다.

검지로 아이의 지창(입술 양끝 바로 위)을 지그시 눌러 돌리면서 마사지한다.

잇몸 마사지, 유치가 나기 전부터 하면 좋아요

유치가 나오기 전에는 잇몸이 붓거나 간지러울 수 있는데, 이때 잇몸 마사지를 해주면 도움이 된다. 간지러움이 해소되고 입속이 깨끗해져 아기의 기분도 좋아진다. 깨끗한 가제 수건으로 아기의 입 안을 구석구석 닦고 톡톡 두드린다.

다리 마사지

성장기 아이들에게 특히 중요한 것이 다리 마사지다. 아이에게 곧고 긴 다리를 만들어주려면
다리 마사지를 꾸준히 하는 것이 좋다.

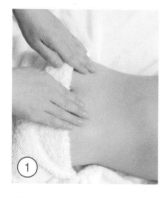

① 아이의 환도(꼬리뼈에서 고관절
바깥쪽으로 2/3 지점)를 지그시
누른다.

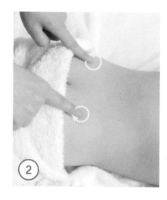

② 같은 부분을 원을 그리며 마
사지한다.

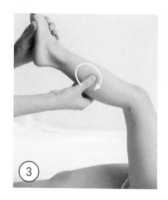

③ 아이의 후승산(종아리 가운데 볼
록한 부분)을 지그시 잡고 부드
럽게 누른다. 지압점 주변은
원을 그리며 마사지한다.

운동과 스트레칭을 하면 다리가 곧고 튼튼해져요

아이의 다리를 튼튼하게 만드는 데 효과 좋은 운동은 공차기, 계단 오르내리기 등이다. 만약 아이가
자라면서 한쪽 다리만 휘거나 무릎 안쪽이 심하게 휘었다면 안짱다리가 될 확률이 높다. 평소 스트
레칭을 많이 해주는 것이 좋다.

두통을 완화하는 마사지

"엄마, 나 머리 아파"라고 아이가 말하면 꾀병을 부린다고 생각하기 쉽다. 그러나 소아 두통은 의외로 흔히 나타나는 증상이다. 아이가 두통을 호소하면 충분히 쉬게 한 뒤 마사지를 해준다.

양손 검지로 아이의 태양(관자놀이)을 지그시 누르기를 수차례 반복한다.

아이의 만성 두통을 조심하세요

아이가 두통을 오래 참으면 만성 두통으로 진행될 수 있다. 너무 괴로워하면 진통제를 먹여 통증을 없애는 것도 하나의 방법이다. 하지만 해열진통제를 1주일에 두 번 이상 사용하면 습관성이 될 수 있으므로 주의한다. 비염 때문에 두통을 느낄 수도 있으니 전문가의 진단을 받아보는 것도 필요하다.

배앓이를 개선하는 마사지

변비나 소화불량으로 배가 아프기도 하지만, 심리적인 요인이 원인인 경우도 의외로 많다. 스트레스를 많이 받았거나 불안할 때 배가 아프다고 느끼는 것이다. 특별한 이유가 없는데도 배가 아프다고 하면 배앓이 마사지를 하며 아이를 편안하게 해준다.

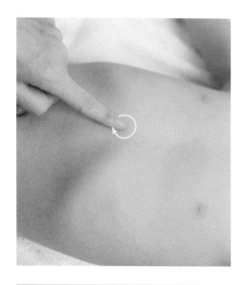

아이의 중완(배꼽과 명치의 중간)을 지그시 돌리고, 배꼽 주변을 시계방향으로 쓸어준다.

소화불량인지 질병인지 체크해보세요

아이가 배가 아프다고 하면 먼저 배꼽 주변을 손끝으로 눌러보며 어디가 아픈지 물어본다. 배꼽에서 가까운 곳이 아프면 소화 작용이 원활하지 못해서 아픈 것일 가능성이 크다. 하지만 배꼽에서 먼 데가 아프면 질병이 원인일 가능성이 크므로 즉시 검사를 받는 것이 좋다.

성장통을 완화하는 마사지

낮에 잘 놀던 아이가 밤마다 다리가 아파 잠을 설친다면 성장통일 가능성이 크다. 성장통은 빠르게 자라는 성장기 아이들에게 흔히 나타나는 증상이다. 매일 꾸준한 마사지와 스트레칭으로 통증을 완화할 수 있다.

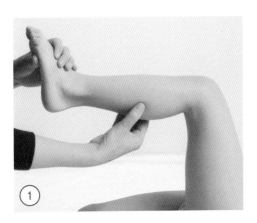

① 아이를 눕히고 무릎을 굽혀 다리를 든 뒤 후승산(종아리 가운데 볼록한 부분)을 풀어준다.

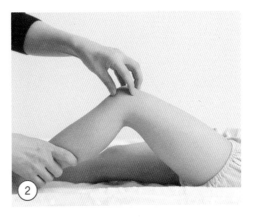

② 아이의 무릎을 세우고 무릎을 주무른다.

평소 규칙적인 운동을 시키세요

엄마가 해주는 마사지도 성장통을 완화하지만, 아이가 규칙적인 운동을 하는 것이 더 좋다. 쉽게 할 수 있는 가벼운 스트레칭 방법을 가르쳐줘 아이가 스스로 하게 한다. 성장통이 너무 심할 때는 아픈 곳에 따뜻한 수건을 올려 찜질하고 손으로 부드럽게 문지르면 통증을 줄일 수 있다.

오줌싸개를 예방하는 마사지

아이가 소변을 가리기 시작한 후에도 자다가 실수하거나 소변을 참다 바지에 싸는 경우는 흔하다. 하지만 만 5세가 지나도 1주일에 두세 번 이상 오줌을 싼다면 야뇨증을 의심해볼 수 있다. 평소 부모의 세심한 관리가 필요하다.

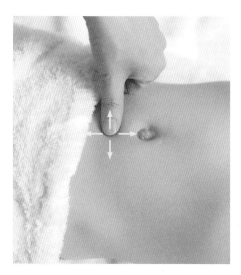

엄지로 아이의 단전(배꼽에서 3~5cm 아래)을 지그시 누르고 상하좌우를 쓸 듯이 마사지한다. 꾸준히 해주면 아이의 방광 기능이 강화된다.

야뇨증, 생활습관을 검검하세요

아이가 자다가 오줌 싸는 일이 잦다면 생활습관을 점검해볼 필요가 있다. 늦은 시간에 음료수를 많이 마시는지, 음식을 짜게 먹는지, 평소 소변을 참는 습관이 있는지 확인한다. 잠들기 전에는 요의가 없더라도 반드시 화장실에 다녀오게 하고, 평소 괄약근을 조였다가 푸는 운동을 시키면 좋다.

변비를 개선하는 마사지

변비는 어린아이에게 흔한 증상이다. 밥을 먹기 시작했는데 수분 섭취가 불충분하거나 섬유질이 풍부한 채소, 과일을 잘 먹지 않으면 변비가 오기 쉽다. 배변 습관을 들여야 할 시기에 변기를 거부하는 등 변을 참는 아이도 많다. 배변 습관을 잘 들이고 장 마사지를 꾸준히 해주면 해소된다.

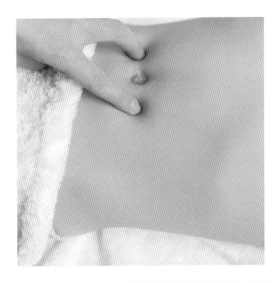

아이의 천추(배꼽에서 좌우로 1~2cm 지점)를 누르고 장 마사지를 꾸준히 한다.

소아 변비는 예방이 중요해요

평소 생활습관과 식습관이 좋으면 변비를 예방할 수 있고, 생겨도 쉽게 개선할 수 있다. 섬유질이 풍부한 식품을 많이 먹는 것이 가장 중요하다. 통곡물, 과일, 채소와 같은 식품을 많이 먹인다. 또 낮에 신체활동을 활발히 하게 한다. 잘 뛰어놀면 장 건강과 소화에 도움이 된다.

숙면을 돕는 마사지

돌 이후 아이는 밤에 8시간 이상 푹 자는 것이 정상이지만, 간혹 잠을 깊이 못 자는 아이들도 있다. 편안한 수면 환경을 만들어 아이가 잘 수 있게 도와주고, 혈자리 마사지도 꾸준히 해준다.

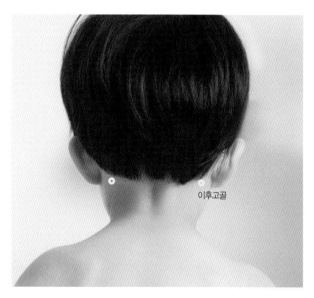

이후고골

아이의 이후고골(양쪽 귓불 뒤 목과 머리가 만나는 부분의 움푹 들어간 곳)을 누르면 온몸의 긴장이 풀려 숙면에 도움이 된다.

잠이 보약! 숙면 환경을 만들어주세요

아이의 잠은 성장과도 깊은 연관이 있기 때문에 밤에 8시간 이상 푹 잘 수 있는 환경을 만들어주는 것이 중요하다. 잘 시간이 되면 실내를 어둡게 하고 온도와 습도를 적절히 조절한다. 또 잠들기 전에는 되도록 스마트폰이나 TV를 보지 않게 하는 것이 좋다.

기침, 가래를 가라앉히는 마사지

찬 바람이 불기 시작하면 콜록콜록 기침을 하는 아이들이 많다. 감기에 걸려서이기도 하지만, 목과 기관지가 약해 만성적으로 기침을 하기도 한다. 평소 꾸준한 마사지로 폐 기능을 강화하는 것이 좋다.

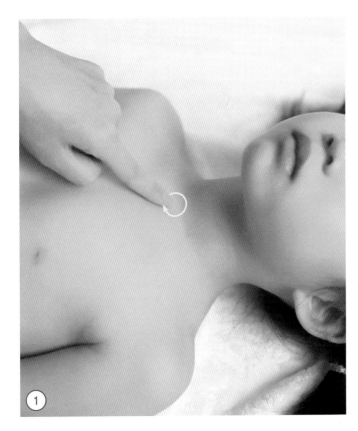

아이의 천돌(흉골 바로 위 움푹 파인 곳)을 지그시 누르며 돌린다.

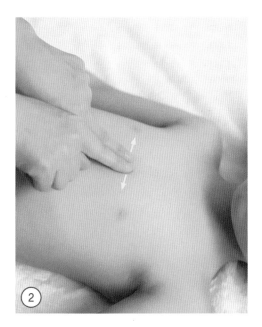

아이의 전중(양 젖꼭지 사이 정가운데)을 좌우로 가
볍게 쓸어준다.

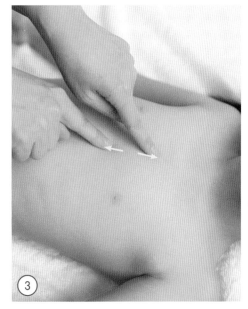

아이의 전중을 상하로 가볍게 쓸어준다.

폐 건강을 위해 물을 많이 마시게 하세요

폐 건강에 가장 중요한 것은 충분한 수분 섭취다. 호흡기 점막이 건조하면 염증이 쉽게 생길 수 있
다. 평소 물을 많이 마시게 하고, 가습기를 켜서 알맞은 실내 습도를 유지한다.

원 포인트
마사지
10

콧물, 코막힘을 개선하는 마사지

환절기에 아이들에게 나타나는 가장 흔한 증상이 바로 콧물, 코막힘이다. 코 마사지를 해주면
증상이 좋아진다. 평소 꾸준히 하면 비염 예방에도 효과적이다.

아이의 영향(콧방울 양옆)을 지그시 누르며 돌
린다.

아이의 인당(양미간 정가운데)을 지그시 누른다.

코막힘이 중이염 때문은 아닌지 확인하세요

코가 자주 막히는 게 감기나 비염이 아니라 중이염 때문인 경우도 많다. 중이염에 걸리면 자꾸 귀를
잡아당기거나 만지고, 심하면 귀에서 진물이나 고름이 흘러나오기도 한다. 만 1세 미만의 영아는 고
열과 구토를 동반하기도 한다. 아이가 평소보다 울고 보채면 이런 증상이 없는지 살펴본다.

호흡기를 튼튼하게 하는 마사지

호흡기가 약하면 코와 목 등이 바이러스에 감염되는 감기에 잘 걸린다. 혈자리를 누르는 것만으로 감기를 예방할 수 있고, 독감이 아니라면 가벼운 증상은 개선할 수도 있다.

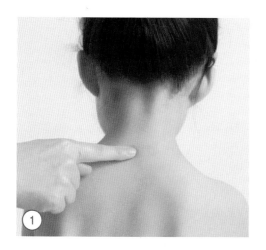

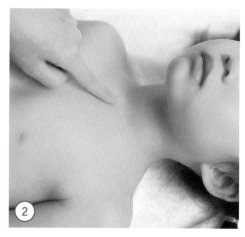

아이의 대추(고개를 앞으로 숙였을 때 가장 튀어나오는 목뼈의 아랫부분)를 지그시 누른다.

아이의 천돌(흉골 바로 위 움푹 파인 곳)을 지그시 누른다.

호흡기 관리에 유산소 운동이 중요해요

줄넘기, 달리기 같은 유산소 운동을 하면 아이의 호흡기가 튼튼해진다. 몸속에 많은 산소가 유입되어 신진대사가 활발해지고, 폐와 심장의 기능이 좋아지기 때문이다. 면역력도 높아져 감기 등의 호흡기질환을 예방할 수 있다. 하루에 최소 30분 이상 꾸준히 하는 습관을 길러준다.

물구나무서기

아빠가 아이의 양다리를 꼭 잡고 하는 물구나무서기. 아이가 양팔로 지탱하며 균형을 잡기 위해 앞뒤로 움직이게 되므로, 등과 팔의 힘이 강해지고 균형감각이 발달한다. 머리로 혈액이 공급되어 혈액순환도 좋아진다. 물구나무서기를 한 뒤 아이의 몸을 철봉 하듯이 한 바퀴 돌려주면 평형감각도 기를 수 있다.

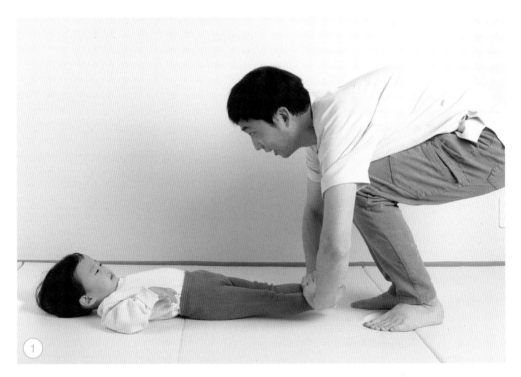

아이가 똑바로 누운 상태에서 아빠가 마주보고 서서 아이의 발목을 잡는다.

아이의 다리를 들어 거꾸로 세운다.

아이가 양팔로 몸을 지탱하며 중심을 잡게 한다.

아이의 몸을 반대편으로 한 바퀴 돌려 내려준다.

비행기 타기

침대 위에서 또는 바닥에 푹신한 이불이나 매트를 깔고 하는 놀이다. 아이의 균형감각과 평형 감각을 키우는 데 도움을 준다. 또한 놀이를 하면서 아이가 아빠와 일체감을 느끼고, 아이를 들어 올렸을 때 서로의 얼굴이 보이기 때문에 마주보고 웃으며 교감하기 좋다.

① 아빠가 누워서 발바닥을 아이의 상체에 댄다.

아이를 높이 들어 올린다. 다리의 위치나 높이, 올렸다 내렸다 하는 속도를 바꿔가면서 놀아준다. '떴다떴다 비행기' 노래를 부르면서 하면 아이가 더 신나 한다.

빙글빙글 돌기

손을 맞잡고 빙글빙글 도는 놀이는 아이들이 가장 좋아하는 놀이 중 하나다. 아이의 평형감각을 기르는 데 도움이 된다. 옆으로만 도는 것이 아니라 위아래로 높낮이를 바꿔가며 하면 좋다.

①

아빠가 아이의 겨드랑이 밑으로 몸통을 잡고 빙글빙글 돌린다.

아이를 올렸다 내렸다 하면서 돌린다. 동작이 익숙해지면 아이의 팔이나 손목을 잡고 한다.

둥기둥기 어부바

아이가 아빠의 등에 업히면 평소와 다른 눈높이에서 집 안을 둘러보게 된다. 낯선 환경을 탐험하기 좋아하는 아이에게는 흥분되는 경험이다.

"어부바~" 소리를 내며 아빠의 등에 아이를 밀착해 업고, "둥기 둥기~" 소리를 내며 집 안의 이 곳저곳을 다닌다. 이때 보이는 사물의 이름을 아이에게 물어보고 대답하게 한다. 아이가 모르는 건 말해주고 한 번 따라 하게 해 사물의 이름을 익히게 한다.

엎드려서 가슴 펴기

아이가 날아가듯이 가슴을 쭉 펴게 하는 놀이. 꾸준히 하면 스트레칭 효과가 있어 아이의 어깨가 펴지고 척추가 유연해지며 가슴 근육이 발달한다.

아이가 엎드리고 아빠가 아이의 뒤에 서서, 아이의 두 손목을 잡고 아이의 엉덩이 쪽으로 천천히 당긴다. 이때 아이의 척추가 세워지면서 가슴이 펴진다.

등 대고 하늘 보기

아이의 등 근육이 유연해지고 전신 스트레칭에 효과적인 놀이다. 처음에는 아이의 발이 바닥에서 떨어지지 않을 정도로 하고 점차적으로 높이 들어 올린다.

아빠는 양반다리로 앉고, 아이는 아빠와 등을 맞대고 서게 한다. 아이의 두 팔을 만세 하듯이 머리 위로 올려 아빠가 아이의 손을 잡는다.

그대로 아빠의 상체를 앞으로 숙인다. 이 동작을 여러 번 반복한다.

손으로 걷기

엎드려서 손으로 걸어가는 놀이. 아이의 팔 근육을 강화하고, 아이 스스로 상체를 들어 올리기 때문에 복부의 힘을 기르는 데 좋다. 걸어가는 속도는 아이에게 맞춘다.

아이를 엎드리게 하고 아빠가 아이의 두 발목을 잡은 뒤, 아이의 다리를 45도 정도 들어 올린다. 아이가 두 팔로 지탱해 몸을 들고 한 손 한 손 앞으로 가면 따라 걸어간다.

다리 모아 앞으로 당기기

아이 손을 맞잡고 당기는 놀이로 아빠가 끌어당기면 아이가 재미있어 한다. 아이의 고관절을
유연하게 하고, 골반과 허리를 강화하는 데 도움이 된다.

아빠와 아이 모두 양반다리로 마주 앉아 손을 맞잡는다.

아빠가 아이를 아빠 쪽으로 당긴다.

• 요리

기초부터 응용까지 이 책 한권이면 끝!
한복선의 친절한 요리책
요리 초보자를 위해 최고의 요리 전문가 한복선 선생님이 나셨다. 칼 잡는 법부터 재료 손질, 맛내기까지 엄마처럼 꼼꼼하고 친절하게 알려주는 이 책에는 국, 찌개, 반찬, 한 그릇 요리 등 대표 가정요리 221가지 레시피가 들어있다.
한복선 지음 | 308쪽 | 188×254mm | 15,000원

맛있는 밥을 간편하게 즐기고 싶다면
뚝딱 한 그릇, 밥
덮밥, 볶음밥, 비빔밥, 솥밥 등 별다른 반찬 없이도 맛있게 먹을 수 있는 한 그릇 밥 76가지를 소개한다. 한식부터 외국 음식까지 메뉴가 풍성해 혼밥으로 별식으로, 도시락으로 다양하게 즐길 수 있다. 레시피가 쉽고, 밥 짓기 등 기본 조리법과 알찬 정보도 가득하다.
장연정 지음 | 188쪽 | 188×245mm | 14,000원

그대로 따라하면 엄마가 해주시던 바로 그 맛
한복선의 엄마의 밥상
일상 반찬, 찌개와 국, 별미 요리, 한 그릇 요리, 김치 등 웬만한 요리 레시피는 다 들어있어 기본 요리실력 다지기부터 매일 밥상 차리기까지 이 책 한 권이면 충분하다. 누구든지 그대로 따라 하기만 하면 엄마가 해주시던 바로 그 맛을 낼 수 있다.
한복선 지음 | 312쪽 | 188×245mm | 16,000원

입맛 없을 때, 간단하고 맛있는 한 끼
뚝딱 한 그릇, 국수
비빔국수, 국물국수, 볶음국수 등 입맛 살리는 국수 63가지를 담았다. 김치비빔국수, 칼국수 등 누구나 좋아하는 우리 국수부터 파스타, 미고렝 등 색다른 외국 국수까지 메뉴가 다양하다. 국수 삶기, 국물 내기 등 기본 조리법과 함께 먹으면 맛있는 밑반찬도 알려준다.
장연정 지음 | 192쪽 | 188×245mm | 14,000원

제철 재료의 맛, 피클·장아찌·병조림 60가지
자연으로 차린 사계절 저장식
맛있고 건강한 홈메이드 저장식을 알려주는 레시피북. 기본 피클, 장아찌부터 아보카도장이나 낙지장 등 요즘 인기 있는 레시피까지 모두 수록했다. 제철 재료 캘린더, 조리 팁까지 꼼꼼하게 알려줘 요리 초보자도 실패 없이 맛있는 저장식을 만들 수 있다.
손성희 지음 | 176쪽 | 188×235mm | 14,000원

점심 한 끼만 잘 지켜도 살이 빠진다
하루 한 끼 다이어트 도시락
맛있게 먹으면서 건강하게 살을 빼는 다이어트 도시락을 소개한다. 영양은 가득하고 칼로리는 100~300kcal대로 맞춘 저칼로리 도시락으로, 샐러드, 샌드위치, 별식, 기본 도시락 등 다양한 메뉴를 담았다. 다이어트 도시락을 쉽고 맛있게 싸는 알찬 정보도 가득하다.
최승주 지음 | 176쪽 | 188×245mm | 15,000원

먹을수록 건강해진다!
나물로 차리는 건강밥상
생나물, 무침나물, 볶음나물 등 나물 레시피 107가지를 소개한다. 기본 나물부터 토속 나물까지 다양한 나물반찬과 비빔밥, 김밥, 파스타 등 나물로 만드는 별미 요리를 담았다. 메뉴마다 영양과 효능을 꼼꼼히 알려주고, 월별 제철나물 캘린더, 나물요리 기본 요령도 알려준다.
리스컴 편집부 지음 | 160쪽 | 188×245mm | 12,000원

고단백 저지방
닭가슴살 다이어트 레시피
고단백 저지방 닭가슴살은 다이어트 식품으로 가장 좋다. 이 책은 샐러드, 구이, 한 그릇 요리, 도시락 등 쉽고 맛있는 닭가슴살 요리 65가지를 소개한다. 김밥, 파스타 등 인기 메뉴부터 별미 메뉴까지 매일 맛있게 먹으며 즐겁게 다이어트할 수 있다.
이양지 지음 | 160쪽 | 188×245mm | 13,000원

만들어두면 일주일이 든든한
오늘의 밑반찬
누구나 좋아하는 대표 밑반찬 79가지를 담았다. 가장 인기 있는 밑반찬을 골라 수록했기 때문에 반찬을 선택하는 고민을 덜어준다. 또한 79가지 밑반찬을 고기, 해산물 해조류, 채소 등 재료별 파트와 장아찌·피클 파트로 구성하여 쉽게 균형 잡힌 식단을 짤 수 있도록 돕는다.
최승주 지음 | 152쪽 | 188×245mm | 12,000원

레스토랑에서 인기 많은 이탈리아 가정식
파스타와 샐러드
외식 메뉴로 인기인 파스타와 샐러드, 피자, 리소토 등 다양한 이탈리아 요리를 담았다. 우리 입맛에 잘 맞는 응용 레시피와 정통 이탈리아 레시피를 함께 소개한다. 조리법이 쉬울 뿐 아니라 파스타, 치즈, 허브 등의 재료와 맛내기 방법, 응용 팁까지 친절하게 알려준다.
최승주 지음 | 168쪽 | 188×245mm | 14,000원

영양학 전문가의 맞춤 당뇨식
최고의 당뇨 밥상
영양학 전문가들이 상담을 통해 쌓은 데이터를 기반으로 당뇨 환자들이 가장 맛있게 먹으며 당뇨 관리에 성공한 메뉴를 추렸다. 한 상 차림부터 한 그릇 요리, 브런치, 샐러드와 당뇨 맞춤 음료, 도시락 등으로 구성해 매일 활용할 수 있으며, 조리법도 간단하다.

마켓온오프 지음 | 256쪽 | 188×245mm | 16,000원

내 몸이 가벼워지는 시간
샐러드에 반하다
한 끼 샐러드, 도시락 샐러드, 저칼로리 샐러드, 곁들이 샐러드 등 쉽고 맛있는 샐러드 레시피 56가지를 한 권에 담았다. 다양한 맛의 45가지 드레싱과 각 샐러드의 칼로리, 건강한 샐러드를 위한 정보도 함께 들어 있어 다이어트에도 도움이 된다.

장연정 지음 | 168쪽 | 210×256mm | 12,000원

천연 효모가 살아있는 건강 빵
천연발효빵
맛있고 몸에 좋은 천연발효빵을 소개한 책. 홈 베이킹을 넘어 건강한 빵을 찾는 웰빙족을 위해 과일, 채소, 곡물 등으로 만드는 천연발효종 20가지와 천연발효종으로 굽는 건강빵 레시피 62가지를 담았다. 천연발효빵 만드는 과정이 한눈에 들어오도록 구성되어 있다.

고상진 지음 | 200쪽 | 210×275mm | 13,000원

맛있게 시작하는 비건 라이프
비건 테이블 2020 세종도서 교양부문 선정
누구나 쉽게 맛있는 채식을 시작할 수 있도록 돕는 비건레시피북. 요즘 핫한 스무디 볼부터 파스타, 햄버그스테이크, 아이스크림까지 88가지 맛있고 다양한 비건 요리를 소개한다. 건강한 식단 비건 구성법, 자주 쓰이는 재료 등 채식을 시작하는 데 필요한 정보도 담겨 있다.

소나영 지음 | 200쪽 | 188×245mm | 15,000원

정말 쉽고 맛있는 베이킹 레시피 54
나의 첫 베이킹 수업
기본 빵부터 쿠키, 케이크까지 초보자를 위한 베이킹 레시피 54가지. 바삭한 쿠키와 담백한 스콘, 다양한 머핀과 파운드케이크, 폼 나는 케이크와 타르트, 누구나 좋아하는 인기 빵까지 모두 담겨있다. 베이킹을 처음 시작하는 사람에게 안성맞춤이다.

고상진 지음 | 216쪽 | 188×245mm | 14,000원

건강한 약차, 향긋한 꽃차
오늘도 차를 마십니다
맛있고 향긋하고 몸에 좋은 약차와 꽃차 60가지를 소개한다. 각 차마다 효능과 마시는 방법을 알려줘 자신에게 맞는 차를 골라 마실 수 있다. 차를 더 효과적으로 마실 수 있는 기본 정보와 다양한 팁도 담아 누구나 향기롭고 건강한 차 생활을 즐길 수 있다.

김달래 감수 | 200쪽 | 188×245mm | 15,000원

부드럽고 달콤하고 향긋한 8×8가지의 슈와 크림
내가 가장 좋아하는 슈크림
누구나 좋아하는 부드러운 슈크림 레시피북. 기본 슈크림부터 화려하고 고급스러운 슈 과자 레시피까지 이 책 한 권에 모두 담았다. 레시피마다 20컷 이상의 자세한 과정사진이 들어가 있어 그대로 따라 하기만 하면 초보자도 향긋하고 부드러운 슈크림을 만들 수 있다.

후쿠다 준코 지음 | 144쪽 | 188×245mm | 13,000원

혼술집술을 위한 취향저격 칵테일 81
오늘 집에서 칵테일 한 잔 어때?
인기 유튜버 리니비니가 요즘 바에서 가장 인기 있고, 유튜브에서 많은 호응을 얻은 칵테일 81가지를 소개한다. 모든 레시피에 맛과 도수를 표시하고 베이스 술과 도구, 사용법까지 꼼꼼하게 담아 칵테일 초보자도 실패 없이 맛있는 칵테일을 만들 수 있다.

리니비니 지음 | 200쪽 | 130×200mm | 14,000원

예쁘고, 맛있고, 정성 가득한 나만의 쿠키
Sweet Cookie 스위트 쿠키 50
베이킹이 처음이라면 쿠키부터 시작해보자. 재료를 섞고, 모양 내고, 굽기만 하면 끝! 버터 쿠키, 초콜릿 쿠키, 팬시 쿠키, 과일 쿠키, 스파이시 쿠키, 너트 쿠키 등으로 파트를 나눠 예쁘고 맛있고 만들기 쉬운 쿠키 만드는 법 50가지와 응용 레시피를 소개하고 있다.

스테이시 아디만도 지음 | 고상진 감수 | 144쪽
188×245mm | 13,000원

알면 알수록 특별한 술
와인 & 스피릿
포도 품종과 지역별 특징, 고르는 법, 라벨 읽는 법, 마시는 법까지 와인의 모든 것을 자세히 알려주는 지침서. 소믈리에가 추천한 100가지 와인 리스트는 초보자도 와인을 성공적으로 고를 수 있도록 도와준다. 비즈니스에서 빼놓을 수 없는 양주에 대해서도 알려준다.

김일호 지음 | 216쪽 | 152×225mm | 12,000원

• 취미 | DIY

119가지 실내식물 가이드
실내식물 죽이지 않고 잘 키우는 방법

반려식물로 삼기 적합한 119가지 실내식물의 특징과 환경, 적절한 관리 방법을 알려주는 가이드북. 식물에 대한 정보를 위치, 빛, 물과 영양, 돌보기로 나누어 보다 자세하게 설명한다. 식물을 키우며 겪을 수 있는 여러 문제에 대한 해결책도 제시한다.

베로니카 피어리스 지음 | 144쪽 | 150×195mm | 14,000원

오늘, 허브를 심자!
허브와 함께하는 생활

키우기 쉽고 활용하기 좋은 허브 8가지를 골라 키우는 법과 활용하는 법을 소개한다. 건강관리, 미용, 요리 등 생활 전반에 다양하게 활용할 수 있다. 침출액, 팅크제, 찜질 등 구체적인 방법과 꼼꼼한 팁까지, 허브에 대한 알찬 정보가 가득하다.

야마모토 마리 지음 | 168쪽 | 172×235mm | 14,000원

내 피부에 딱 맞는 핸드메이드 천연비누
나만의 디자인 비누 레시피

예쁘고 건강한 천연비누를 만들 수 있도록 돕는 레시피북. 천연비누부터 배스밤, 버블바, 배스 솔트까지 39가지 레시피를 한 권에 담았다. 재료부터 도구, 용어, 팁까지 비누 만드는 데 알아야 할 정보를 친절하게 설명해 책을 따라 하다 보면 누구나 쉽게 천연비누를 만들 수 있다.

리리림 지음 | 248쪽 | 190×245mm | 16,000원

내 체형에 맞춘 사계절 옷
세련되고 편안한 옷 만들기

가벼운 면 원피스부터 따뜻한 울 바지와 코트까지 품이 넉넉해 편하면서도 날씬해 보이는 24가지 옷을 소개한다. 모든 작품의 실물 크기 패턴을 수록하고 일러스트와 함께 자세히 설명해 누구나 쉽게 따라 할 수 있다. 유행을 타지 않아 언제 어디서나 즐겨 입을 수 있다.

후지츠카 미키 지음 | 118쪽 | 210×257mm | 14,000원

쉬운 재단, 멋진 스타일
내추럴 스타일 원피스

직접 만들어 예쁘게 입는 나만의 베이직 원피스. 여자들의 필수 아이템인 27가지 스타일 원피스를 자세한 일러스트 과정과 함께 상세히 설명했다. 실물 크기 패턴도 함께 수록되어 있어 재봉틀을 처음 배우는 초보자라도 뚝딱 만들 수 있다.

부티크 지음 | 112쪽 | 210×256mm | 10,000원

• 임신출산 | 육아

아기는 건강하게, 엄마는 날씬하게
소피아의 임산부 요가

임산부의 건강과 몸매 유지를 위해 슈퍼모델이자 요가 트레이너인 박서희가 제안하는 맞춤 요가 프로그램. 임신 개월 수에 맞춰 필요한 동작을 사진과 함께 자세히 소개하고, 통증을 완화하는 요가, 남편과 함께 하는 커플 요가, 회복을 돕는 산후 요가 등도 담았다.

박서희 지음 | 176쪽 | 170×220mm | 12,000원

야단치지 않아도 제대로 가르치는 방법
남자아이 맞춤 육아법

20만 명이 넘는 엄마가 선택한 아들 키우기의 노하우. 엄마는 이해할 수 없는 남자아이의 특징부터 소리치지 않고 행동을 변화시키는 아들 맞춤 육아법까지. 오늘도 아들 육아에 지친 엄마들에게 '슈퍼 보육교사'로 소문난 자녀교육 전문가가 명쾌한 해답을 제시한다.

하라사카 이치로 지음 | 192쪽 | 143×205mm | 13,000원

머리는 좋은데 산만해요
산만한 내 아이 집중력 높이는 방법

또래보다 유독 산만한 10대 자녀를 둔 부모라면 주목할 만한 책. 행동을 조절하고 목표를 정해서 실행하는 것, 해야 할 일과 하고 싶은 일 사이에서 균형을 잡는 것은 실행 능력이 있어야 가능하다. 아이에게 부족한 실행능력을 파악하고 그것을 키워주는 방법을 알려준다.

리처드 궤어·페그 도슨 지음 | 272쪽 | 152×223mm | 12,000원

똑똑한 엄마의 선택
닥터맘 이유식

생후 4개월부터 36개월까지 단계별로 꼭 필요한 영양을 담은 건강 이유식 레시피북. 미음부터 죽, 진밥, 덮밥, 국수, 샐러드, 국, 반찬 등 다양한 이유식과 유아식을 담았다. 차근차근 따라 하면 좋은 식습관을 기르면서 건강하고 튼튼하게 키울 수 있다.

닥터맘 지음 | 216쪽 | 190×230mm | 13,000원

영양사와 소아과 원장이 함께 차리는 영양 밥상
우리 아이에게 꼭 먹이고 싶은 유아식

영양사 출신의 엄마와 소아과 원장이 함께 소중한 우리 아이를 위한 맛깔나는 영양 만점 유아식을 완성했다. 아이의 건강을 위해 꼭 필요한 반찬부터 국·찌개, 일품요리, 간식, 도시락, 생일상 차리기까지 완벽한 유아식 레시피 120가지를 골고루 담았다.

박효선 지음 | 136쪽 | 190×230mm | 13,000원

• 건강 | 기타

아침 5분, 저녁 10분
스트레칭이면 충분하다
몸은 튼튼하게 몸매는 탄력 있게 가꿀 수 있는 스트레칭 동작을 담은 책. 아침 5분, 저녁 10분이라도 꾸준히 스트레칭하면 하루하루가 몰라보게 달라질 것이다. 아침저녁 동작은 5분을 기본으로 구성한 좀 더 체계적인 스트레칭 동작을 위해 10분, 20분 과정도 소개했다.

박서희 지음 | 88쪽 | 215×290mm | 8,000원

일상에서 벗어난 삶
오프 그리드 라이프
번잡한 도시에서 벗어나 자연에 독특한 집을 짓고 살아가는 사람들의 이야기. 세계 곳곳에서 자신의 속도대로 사는 사람들과 그들의 집을 250여 컷의 사진에 담았다. 나무 위의 집, 컨테이너 하우스, 천막집, 보트 하우스, 트레일러, 밴 등 다양한 주거 형태를 보여준다.

포스터 헌팅턴 지음 | 248쪽 | 178×229mm | 16,000원

라인 살리고, 근력과 유연성 기르는 최고의 전신 운동
필라테스 홈트
필라테스는 자세 교정과 다이어트 효과가 매우 큰 신체 단련 운동이다. 이 책은 전문 스튜디오에 나가지 않고도 집에서 얼마든지 필라테스를 쉽게 배울 수 있는 방법을 알려준다. 난이도에 따라 15분, 30분, 50분 프로그램으로 구성해 누구나 부담 없이 시작할 수 있다.

박서희 지음 | 128쪽 | 215×290mm | 10,000원

스무 살의 부자 수업
나의 직업은 부자입니다
스무 살 여대생의 부자 도전기를 통해 부자가 되는 방법을 알려주는 책. 마음가짐부터 돈 벌기, 돈 쓰기까지 부자가 되기 위해 기억해야 할 32가지 가르침을 담았다. 이야기 형식으로 되어 있어 이해하기 쉽고, 핵심 내용을 한눈에 볼 수 있게 모아 정리가 잘됐다.

토미츠카 아스카 지음 | 240쪽 | 152×223mm | 15,000원

통증 다스리고 체형 바로잡는
간단 속근육 운동
통증의 원인은 속근육에 있다. 한의사이자 헬스 트레이너가 통증을 근본부터 해결하는 속근육 운동법을 알려준다. 마사지로 풀고, 스트레칭으로 늘이고, 운동으로 힘을 키우는 3단계 운동법으로, 통증 완화는 물론 나이 들어서도 아프지 않고 지낼 수 있는 건강관리법이다.

이용현 지음 | 156쪽 | 182×235mm | 12,000원

100인의 인생 명언
성공으로 이끄는 한마디
성공을 키워드로 하는, 유명인사 100인의 명언을 담은 책. 성공을 꿈꾸는 사람, 이제 막 시작하는 사람, 슬럼프에 빠진 사람 등에게 희망과 용기를 주는 말들을 엄선해 모았다. 성공을 위해 노력하고, 결국 달성한 사람들의 사고방식을 명언을 통해 배울 수 있다.

김우태 지음 | 224쪽 | 118×188mm | 14,000원

하루 20분, 평생 살찌지 않는 완벽 홈트
오늘부터 1일
평생 살찌지 않는 체질을 만들어주는 여성용 셀프PT 가이드북. 스타트레이너 김지훈이 군살은 쏙 빼고 보디라인은 탄력 있게 가꿔주는 하루 20분 운동을 소개한다. 하루 20분 운동으로 굶지 않고 누구나 부러워하는 늘씬한 몸매를 만들어보자.

김지훈 지음 | 280쪽 | 188×245mm | 16,000원

치매, 제대로 알아야 두려움에서 벗어날 수 있다
사람들은 치매에 대해 막연한 두려움을 가지고 있다. 치매 공포증은 치매에 대한 어설픈 지식이나 오해에서 비롯된다. 30년 이상 치매 환자의 임상 치료를 해온 전문가가 치매에 대해 궁금증을 Q&A 형식으로 알려줘 인지장애에 대한 오해를 단번에 풀어준다.

와다 히데키 지음 | 240쪽 | 152×223mm | 15,000원

운동을 시작하는 남자들을 위한 최고의 퍼스널 트레이닝
1일 20분 셀프PT
혼자서도 쉽고 빠르게 원하는 몸을 만들도록 돕는 PT 가이드북. 내추럴 보디빌딩 국가대표가 기본 동작부터 잘못된 자세까지 차근차근 알려준다. 오늘부터 하루 20분 셀프PT로 남자라면 누구나 갖고 싶어하는 역삼각형 어깨, 탄탄한 가슴, 식스팩, 강한 하체를 만들어보자.

이용현 지음 | 192쪽 | 188×230mm | 14,000원

건강은 생활습관입니다!
아프지 않고 건강하게 사는 생활실천법
국내 식품영양학의 최고 권위자이자 장수박사로 유명한 유태종 교수가 그동안의 경험과 연구결과를 모아 건강장수 비법을 정리했다. 생활습관, 식사법, 운동법, 마음건강법 등 4개의 장으로 나누어 건강과 장수의 이론과 실제 사례, 구체적인 생활실천법을 소개한다.

유태종 지음 | 256쪽 | 152×223mm | 13,000원

유익한 정보와
다양한 이벤트가 있는
리스컴 SNS 채널로
놀러오세요!

블로그
blog.naver.com/leescomm

인스타그램
instagram.com/leescom

유튜브
youtube.com/c/leescom

엄마 아빠와 함께 몸과 마음이 쑥쑥!

아기 리듬 마사지 & 몸 놀이

지은이 권정혁 최은미(맑은샘생명학교)
진행 김홍미
사진 김해원(민들레사진관)
디자인 김미언
음악 편집 신명규
아기 모델 기윤서 기윤하 박다우 공인아
엄마 아빠 모델 박춘연 박찬진 조봉선 기태형

편집 김연주 강지예
편집 지원 김재윤
디자인 이미정
마케팅 김종선 이진목
해외 마케팅 김희윤
경영관리 서민주

인쇄 금강인쇄

초판 인쇄 2021년 7월 21일
초판 발행 2021년 7월 28일

펴낸이 이진희
펴낸곳 (주)리스컴 www.leescom.com

주소 서울시 강남구 밤고개로 1길 10, 수서현대벤처빌 1427호
전화번호 대표번호 02-540-5192
영업부 02-540-5193
편집부 02-544-5922, 544-5933
FAX 02-540-5194
등록번호 제2-3348

이 책은 저작권법에 의하여 보호를 받는 저작물이므로
이 책에 실린 사진과 글의 무단 전재 및 복제를 금합니다.
잘못된 책은 바꾸어 드립니다.

KOMCA 승인필

ISBN 979-11-5616-231-5 13590 책값은 뒤표지에 있습니다.